电工电子实习指导

胡　慧　刘美华　主　编
胡晓东　康　眺　陈丽娟　副主编

清華大学出版社
北　京

内容简介

本书按照教育部高等学校实践教学水平评估和教学大纲的要求编写，是专门面向实践教学环节的实习指导书。全书共4章，主要内容包括电工电子实习简介、实习安全操作规程及考核办法、三相异步电机正反转电路安装与调试、X62W万能铣床电路的安装调试与电路故障考核、数控车床装调维修考核、收音机装配与调试、印制电路板设计与制作、智能家居系统控制与体验、循迹避障小车制作与调试、智能分类垃圾桶设计。

本书可作为高等院校各类理工科专业及相关技术的实习教材或指导书，也可作为高职、函授、成人高校相关专业的实习教材。

图书在版编目(CIP)数据

电工电子实习指导 / 胡慧，刘美华主编. —北京：清华大学出版社，2022.6
ISBN 978-7-302-60738-0

Ⅰ. ①电… Ⅱ. ①胡… ②刘… Ⅲ. ①电工技术—实习 ②电子技术—实习材 Ⅳ. ①TM-45 ②TN-45

中国版本图书馆CIP数据核字(2022)第073513号

责任编辑：王　军
封面设计：高娟妮
版式设计：孔祥峰
责任校对：成凤进
责任印制：宋　林

出版发行：清华大学出版社
网　　址：http://www.tup.com.cn，http://www.wqbook.com
地　　址：北京清华大学学研大厦A座　　邮　　编：100084
社 总 机：010-83470000　　邮　　购：010-62786544
投稿与读者服务：010-62776969，c-service@tup.tsinghua.edu.cn
质 量 反 馈：010-62772015，zhiliang@tup.tsinghua.edu.cn
印 刷 者：北京富博印刷有限公司
装 订 者：北京市密云县京文制本装订厂
经　　销：全国新华书店
开　　本：185mm×260mm　　印　　张：5.75　　字　　数：147千字
版　　次：2022年6月第1版　　印　　次：2022年6月第1次印刷
定　　价：25.00元

产品编号：096348-01

安全责任承诺书

本人，专业班。

根据实践教学要求，本人于____年____月____日至____年____月____日到工程训练中心进行实习。

为确保实习安全，杜绝安全事故的发生，圆满完成实习任务，本人已经参加了工程训练中心的安全教育课，并仔细阅读了实习手册。本人熟知并将全面遵守各项管理制度及安全操作规程；如违反规程制度，所造成的后果和任何损失(包括人身伤害事故、设备安全事故等)均由本人承担全部责任。特此承诺。

学生签字：________________　　　　联系方式：________________

______年____月____日

前　言

电工电子实习是高等院校理工科学生一门必修的实践技术基础课，引导学生自己动手，通过制作几种真实产品来掌握电工电子基本操作技能和产品加工制作基本工艺。

电工电子实习是理论联系实践的桥梁。一方面，通过典型机床控制电路的装配与调试项目训练，学生将基本理解安全用电常识、低压控制电路的工作原理、低压控制电路的基本结构、线路安装工艺、电气故障的检测与调试等。另一方面，通过电子产品的装配与调试项目训练，学生能基本掌握常见电子元件规格型号、电子元件的识别与检测、电子电路结构、电路工作原理及安装焊接工艺。再者，通过印制电路板的设计与制作项目训练，学生能了解设计软件的使用、PCB 设计规则、PCB 丝网漏印制作工艺。最后，通过综合和创新训练项目实践，学生可获得良好的分析和解决工程实际问题的能力，形成较强的创新意识、工程意识和团队协作意识。

《电工电子实习指导》是为了方便参加电工电子实习的学生了解相关实习要求、操作规程、成绩评定标准、实习项目内容等编写的，分为电工电子实习简介、实习安全操作规程及考核办法、电工电子实习基础项目、综合与创新训练项目四章，包含基础和综合与创新层次的九个实习项目，每个实习项目都包含独立的项目报告，充分体现了各项目的特点。同时，本书也可作为中、高级电工职业资格认证和从事电工、电子技术相关人员的参考资料。本书配有免费的配套网络学习资源，可扫描封底二维码访问。

由于编者的水平有限，手册难免存在不足之处，敬请广大读者批评指正。

编者

2021 年 12 月

目　　录

第1章

电工电子实习简介

电工电子实习是理工科学生最重要的综合实践课程之一，它为学生提供电工电子电路设计、安装、制作与调试的全方位实践平台，对提高学生的创新能力、实践动手能力和团队协作能力等具有重要的作用。

主要包含“电工电子基础训练”“综合与创新训练”两个层次的9个实习项目。第一个项目为三相异步电机正反转电路安装与调试，主要包含安全用电常识、电工操作安全规程、常用低压元器件的型号和结构(以及功能和作用)、三相异步电机正反转电路的工作原理、安装调试和一般电气故障检修方法；第二个项目为X62W万能铣床电路的安装与调试，主要包含铣床电路的工作原理、安装与调试和复杂电气故障检修方法；第三个项目为X62W万能铣床电路故障考核，主要包含故障考核装置的结构、智能答题器的操作使用、典型电气故障的检修步骤和方法；第四个项目为数控车床装调维修，主要包含数控车床装置的结构和各功能模块、电气控制系统的组成及故障检修；第五个项目为收音机装配与调试，主要包含焊接基础知识、手工焊接方法、常见电子元器件检测与识别、超外差收音机的工作原理、安装调试与排故检修方法；第六个项目为印制电路板的设计与制作，主要包含PCB板的设计与制作工艺、调光台灯电路电子元件的安装(以及焊接与调试)；第七个项目为智能家居系统控制与体验，主要包含智能家居控制系统各模块的功能与作用、各传感器的工作原理；第八个项目为循迹避障小车制作与调试，主要包含单片机C语言编程与传感器检测技术、循迹避障小车的组装(以及焊接与调试)；第九个项目为智能分类垃圾桶设计，主要包含智能分类垃圾桶的整体设计、机械机构设计与安装、视觉图像算法及编程。

本书既讲解基本理论知识，又详细介绍实习项目操作过程和步骤，以加强学生实践操作效率。教学内容从基础模块到综合与创新模块，由浅入深，层层递进，让学生在不知不觉中吸取知识精髓，极大提高综合实践创新能力。

第2章 实习安全操作规程及考核办法

2.1 电工电子实习安全操作规程

2.1.1 遵守安全制度

1. 学生在实习期间必须遵守中心的安全制度和各工种安全管理条例，听从安全员和指导老师的指导。

2. 学生在实习时，不准穿凉鞋、拖鞋、高跟鞋，不准戴围巾。女同学必须戴工作帽，不准穿裙子。

3. 实习时必须按工种要求戴防护用品。

4. 不准违章操作，未经允许，不准启动、扳动任何非自用的机床、设备、电器、工具、量具和附件等。

5. 不准攀登吊车、墙梯和任何设备；不准在吊车吊运物体运行线上行走或停留；不准在教学区内追逐、打闹、喧哗和吸烟等。

6. 操作时必须精神集中，不准与别人谈话，不准阅读书刊和收听广播。上课、操作时严禁接听手机。

7. 对违反上述规定的要批评教育；不听从指导或多次违反的，要令其检查或暂停实习；情节严重和态度恶劣的，实习成绩不予评定，并报系、院给予行政处分。

2.1.2 遵守组织纪律

1. 严格遵守劳动纪律。上班时不得擅自离开工作场所，不能干私活及做其他与实习无关的事情。

2. 学生必须严格遵守中心的考勤制度。实习中一般不准请事假，特殊情况需请事假要经批准，并经指导老师允许后方可离开。

3. 病假要持医院证明及时请假，特殊情况(包括在院外生病)必须尽早补交正式的证明，否则按旷课处理(每天按 7 个学时计)。

4. 实习期间不得迟到、早退。对迟到、早退者，除批评教育外，在评定实习成绩时要酌情扣分。

2.1.3 学生考勤规定

1. 学生实习必须按训练中心上下班考勤制度规定时间作息，遵守实习纪律，不迟到、早退或无故缺勤。

2. 学生实习期间，若生病请假需要医院开具证明，门诊请假一般不超过两小时。

3. 一般不准请事假，如有特殊情况，需要院系开具证明，并由教务处批准，请事假必须事先办理请假手续，凡未经批准随意不到者，一律按旷课处理。

4. 实习期间若遇全院性会议、考试或体育比赛等需要参加，必须持有学院教务处批准的证明，方可办理请假手续。

5. 实习迟到、早退 15 分钟以上按旷课处理，迟到、早退三次为旷课一次，旷课一次扣 3 个学时，旷课三次取消实习资格。

6. 由于缺勤和违章操作而出现安全事故，实习成绩判定为不及格，并且不予补实习。

2.1.4 安全用电制度

1. 安全用电，人人有责。自觉遵守安全用电规章制度，维护学校的用电设施，是每个师生的权利和义务。

2. 安装、维修应找电工，维修要拉电闸，并挂牌警示，必要时专人看守。

3. 禁止非专业人员私自开启配电箱。

4. 每台生产设备应设专人负责，开机送电前，要检查所开设备是否正常。

5. 设备使用完毕、长期不用或下班时，要断开电源开关。

6. 禁止在电线上悬挂任何物品。

7. 按安全消防规定，有防静电接地夹的设备，使用前一定要夹上接地夹才能开机，使用者要经常检查接地夹两端接触金属的情况。

8. 电线断落不要靠近，要派人看守，并及时找电工处理。

9. 不准用手触摸灯头、插座及其他电器的金属外壳，有损坏、老化、漏电的现象要及时找电工修理或更换。

10. 发现电线短路起火时，要先切断附近的总电源，不准用水泼。

11. 严禁私接电线及电器，不得使用大功率电器烧水、取暖。

2.1.5 安全卫生制度

1. 工程训练中心是教学、科研、生产基地，所有人员都应遵守安全卫生制度，做到人人讲文明、讲礼貌、讲师德，把工程训练中心建设成精神文明基地。

2. 严格门卫制度，所有员工和实训的学生须持出入证进入中心区。校外人员进入训练中心参观、联系工作者，必须按规定履行登记手续，经有关部门批准方可进入。中心区域内除值班人员外，不准任何人员留宿。

3. 中心负责对参加实训的学生进行安全教育，全体教师和指导人员必须遵守工程训练中心各项安全管理条例和仪器设备管理制度，必须以高度的责任感对本人指导的学生安全负责，防止发生重大人身责任事故和设备事故。

4. 工程训练中心的安防系统、设备消防器材，必须定期检查，确保器材处于良好的使用状态。

5. 实训中一旦发生事故，除立即组织抢救处理外，必须按规定立即上报，并保护好现场。对重大事故拖延上报或隐瞒不报，将追究部门负责人的行政责任。

6. 工程训练中心若发生火灾、盗窃等责任事故，并造成较大损失，如属个人责任，将视事故的轻重，在经济上或行政上给予相应处分。事故严重者，将依法追究刑事责任。

7. 参加实训的学生以及本中心工作人员，必须有安全卫生意识，遵守工程训练中心各项安全守则，不准喧哗，不准乱扔杂物，保持环境卫生，不准做与实训无关的事情。实训区内严禁吸烟，违反者将按学校相关规定处分。

8. 每个员工必须负责本人责任区域内的清洁卫生工作，保证做到整洁、美观，并注意保持中心环境卫生。

9. 工程训练中心办公室负责本中心的安全卫生督察工作，各部门负责人是安全卫生工作的责任人，并将安全卫生工作要求落实到每位教职员工。

2.1.6 消防安全守则

1. 各实训教学区的消防设备和器材，要由该实训教学区指定的消防员保管，并经常检查，确保器材处于良好使用状态。

2. 泡沫灭火器应放置在结构牢固、可靠且取用方便的地方。二氧化碳灭火器专门用于配电盘的灭火和电石仓库的灭火。电气和电石仓库一旦发生火灾事故，严禁用水或泡沫灭火器灭火。

3. 教室内禁止吸烟，禁止任何烟火。发生火灾时，应首先断开电源。

4. 加工易燃性工件，应提前通知该车间消防员。对特殊危险性工件的加工任务，应上报中心和实训部主任，经中心和实训部主任同意后方可开始工作。

5. 工作人员在每日下班前应熄灭所有火种，对实训区仔细检查一遍。

6. 发生火警或爆炸事故，立即通知保卫处消防机关，并按规定立即上报，且保护好现场；对重大事故拖延上报或隐瞒不报，将追究部门负责人的相关责任。

2.1.7 其他要求

1. 指导老师和实习指导人员布置的预习、复习教材内容以及思考题等，要认真完成。

2. 必须按时完成实习报告，并按时交给指导老师批改，实习结束时以组为单位将实习报告交给最后工种指导老师。不认真做实习报告的，要重做；凡不做实习报告或未按要求做完的，不得参加最后的综合考试，不予评定实习总成绩。

3. 尊敬教师，听从指导。如对教师有意见，可按级反映，不得在现场争吵。

2.2 电工电子实习考核办法

2.2.1 电工实习

1. 一周电工实习评分标准(100 分)

1) 双重联锁正反转控制电路安装(80 分)

考核内容	工作原理(40 分)					安装工艺(40 分)				
	正转	反转	正转自锁	反转自锁	停止	器件排列	线桩连接	导线整型	线槽盖板	线路编号
分值	8	8	8	8	8	8	8	8	8	8

2) 实习报告(20 分)

2. 二周电工实习评分标准(100 分)

1) 双重联锁正反转控制电路安装(20 分)

考核内容	工作原理(10 分)					安装工艺(10 分)				
	正转	反转	正转自锁	反转自锁	停止	器件排列	线桩连接	导线整型	线槽盖板	线路编号
分值	2	2	2	2	2	2	2	2	2	2

2) X62W 万能铣床电气控制电路安装(50 分)

考核内容	工作原理(25 分)											安装工艺(25 分)				
	主轴			进给						冷却	圆工作台	器件排列	线桩连接	线路排列	线路编号	线槽盖板
	启动	制动	冲动	向右	向左	向上	向下	冲动	快速							
分值	3	3	3	2	2	2	2	2	2	2	2	5	5	5	5	5

3) 机床故障考核(10 分)

4) 实习报告(20 分)

3. 电工实习总成绩表(一周、两周通用表)

班 级		学 号	姓 名	
考核内容	操作技能(80 分)	正反转电路安装	得分	
		铣床电路安装	得分	
		机床故障考核	得分	
		操作技能总分		

(续表)

班　级		学　号		姓 名	
考核内容	实习报告(20 分)			得分	
	平时表现			得分	
总分					
等级		指导老师签名:			

2.2.2　电子实习评分标准

1. 一周电子实习评分标准(100 分)

1) 基本操作技能(80 分)

考核内容	焊接作业		收音机				
	平面焊	交叠焊	焊接	安装	测试	收台	声音
分值	10	15	20	15	10	5	5
得分							
总分							

2) 实习报告(20 分)

2. 二周电子实习评分标准(100 分)

1) 基本操作技能(80 分)

考核内容	焊接作业		印制电路板				收音机				
	平面焊	交叠焊	设计	制作	安装	调试	焊接	安装	测试	收台	声音
分值	5	5	5	20	5	5	10	10	5	5	5
得分											
总分											

2) 实习报告(20 分)

3. 电子实习总成绩表(一周、两周通用表)

班级		学号		姓名	
考核内容		操作技能得分(80 分)			
		实习报告得分(20 分)			
		平时表现得分			
总分					
等级		指导老师签名:			

第3章

电工电子实习基础项目

3.1　三相异步电机正反转电路安装与调试

3.1.1　实习目的

三相异步电机的正反转电路实习为学生提供一个设计和安装电路的全方位实践教学平台，对提高学生创新能力、动手能力和团队协作能力等具有重要作用。通过该课程的学习，学生能达到以下培养要求：

1. 了解安全用电常识和电工操作安全规程，掌握触电预防及触电急救方法；
2. 掌握常用低压元器件的型号、结构、工作原理、图形与文字符号、接线位置、作用，并能根据具体电路需要正确选型和合理使用；
3. 掌握常用机床电气控制线路原理图，并能根据电路原理图独立设计，完成器件布置图和接线图；
4. 掌握检修典型电路电气故障的一般步骤和方法；
5. 具有一定的组织管理能力、表达能力、人际交往能力以及团队协作能力。

3.1.2　安全注意事项

1. 严格按规定穿着工作服和使用防护用品，严禁穿拖鞋。
2. 实习室内的任何电气设备未经验明无电时，一律视为有电，不准用手触摸。
3. 试电前：①应检查各电器元件是否良好，导线有无绝缘层损坏或裸露过长现象；严格执行安全操作规程，未经指导教师许可，不得擅自合闸送电；②电路安装好后，用万用表检查电路无故障后(使用万用表时，手不能触碰表笔金属部位)，在得到老师同意后方可进行下一步试电操作。
4. 试电中：①身体不能碰触电路板，应单手操作，严禁手碰触除按钮外的其他配电设备；②遇到任何电路故障，必须先断开电源，然后进行线路检查，不可以在带电的情况下进行排故操作；③有事需要离开试电位置时，必须先断开电源，再离开；④若发现自己或其他同学发生触电事故，可按操作台前面的红色紧急停止按钮，来切断整个试电场地电源，保护人身安全。

5. 试电结束后：要先关断电源后再拆其他电器元件或导线，切勿在电器设备带电时，触碰和拆除任何电器或载流导线。

3.1.3 实习要求

1. 以学生自主操作为主，强调“做中学”，学生一人一工位；

2. 实习前要求学生预习实习指导书；教师准备好实习材料和设备(如导线、万用表、网孔电路板、电工工具等)；

3. 整个实习过程必须按照实习操作规程进行，未经教师许可，不得擅自合闸送电或触碰带电设备。

3.1.4 实习内容

实习内容包括：安全教育；常用低压电器元件；双重互锁正反转控制电路工作原理；电路安装工艺；电路排故检修和实习报告。

1. 安全教育

掌握安全用电常识、常见触电事故类型、触电急救措施和急救方法(人工呼吸法和胸外心脏按压法)。

2. 常用低压电器元件

1) 熔断器(FU)：当电流超过规定值时，以自身产生的热量使熔体熔断，断开电路。熔断器广泛应用于高低压配电系统、控制系统以及用电设备中，作为短路和过电流保护。

2) 交流接触器(KM)：当接触器线圈通电后，线圈电流会产生磁场，产生的磁场使静铁芯产生电磁吸力吸引动铁芯，并带动交流接触器触点动作，使常闭触点断开，常开触点闭合，两者是联动的。当线圈断电时，电磁吸力消失，衔铁在释放弹簧的作用下释放，使触点复原，常开触点断开，常闭触点闭合。交流接触器广泛用于电力的开断和控制电路，其主触点用来开闭主电路，用辅助触点执行控制指令。

3) 热继电器(FR)：热继电器是由流入热元件的电流产生热量，使有不同膨胀系数的双金属片发生形变；当形变达到一定距离时，就推动连杆动作，使控制电路断开，从而使接触器失电，主电路断开，实现电机的过载保护。热继电器作为电机的过载保护元件，以其体积小，结构简单、成本低等优点在生产中得到广泛应用。

4) 接线端子排(XT)：承载多个或多组相互绝缘的端子组件并用于固定支持件的绝缘部件。端子排的作用是将屏内设备和屏外设备的线路相连接，从而达到传输信号(电流电压)的作用，而且接线美观、维护方便。

5) 按钮(SB)：按钮是一种常用的控制电器元件，是一种开关，常用来接通或断开控制电路(其中电流很小)，从而控制电机或其他电气设备的运行。

3. 双重互锁正反转控制电路工作原理

双重互锁正反转控制电路由按钮和接触器两种互锁组成，其优点是操作方便，工作安全可靠。工作原理图如图 3-1 所示。

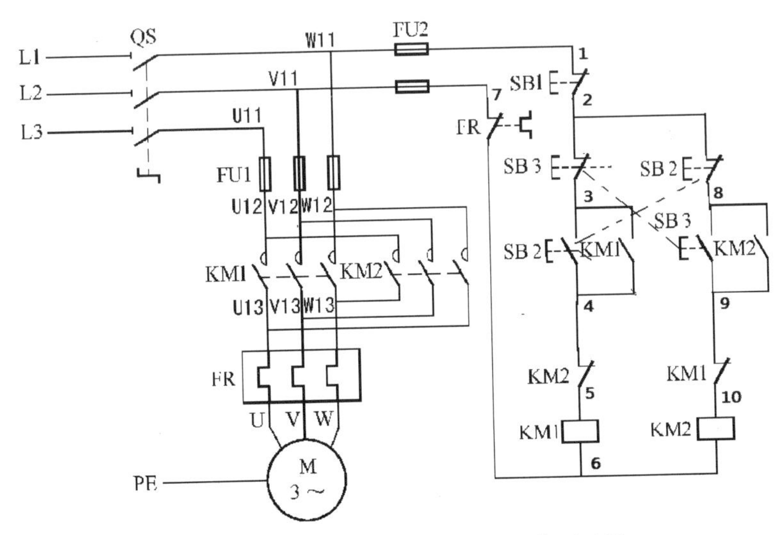

图 3-1　双重互锁正反转控制电路工作原理图

1) 先合上开关 QS，接通电源。

2) 正转控制顺序：按下按钮 SB2→SB2 常闭触点先断开(对 KM2 按钮互锁，切断反转控制电路)、SB2 常开触点后闭合→KM1 线圈通电→KM1 常闭触点先断开(对 KM2 接触器互锁，切断反转控制电路)、KM1 辅助常开触点后闭合(实现自锁，保持线圈持续通电)、KM1 主常开触点后闭合→电机 M 连续正转。

3) 反转控制顺序：按下按钮 SB3→SB3 常闭触点先断开(对 KM1 按钮互锁，切断正转控制电路)→KM1 线圈失电→KM1 自锁触点复位断开、KM1 主常开触点复位断开(电机 M 失电停止)、KM1 常闭触点复位闭合(为反转控制做准备)、SB3 常闭触点后闭合→KM2 线圈通电→KM2 常闭触点先断开(对 KM1 接触器互锁，切断正转控制电路)、KM2 辅助常开触点后闭合(实现自锁保持线圈持续通电)、KM2 主触点后闭合→电机 M 连续反转。

4) 停止：按下按钮 SB1，整个控制电路失电，交流接触器线圈失电使其主常开触点复位断开，电机 M 失电停止运转。

5) 热继电器过载保护：如果电机在运行过程中，由于过载或其他原因，使负载电流超过额定值，经过一定时间，串接在主电路中的热继电器双金属片将受热弯曲，使串接在控制线路中热继电器的常闭触点断开，切断控制线路电源，接触器 KM1 或 KM2 线圈断电，主常开触点断开，电机 M 停止运转，实现过载保护。热继电器动作后，经过一段时间冷却，需要手动复位为下一次动作做好准备。

4. 电路安装工艺

1) 电器元件的布置与固定。①将器件均匀布置在电路板的中央位置；②按电流方向布置(由上至下，由左至右)；③同类器件布置在同一水平线上；④控制同一电机的同类器件应紧靠在横向位置上，相应其他器件应布置在相应纵向位置上；⑤器件按规范要求固定良好，横平竖直。其布置与固定如图 3-2 所示。

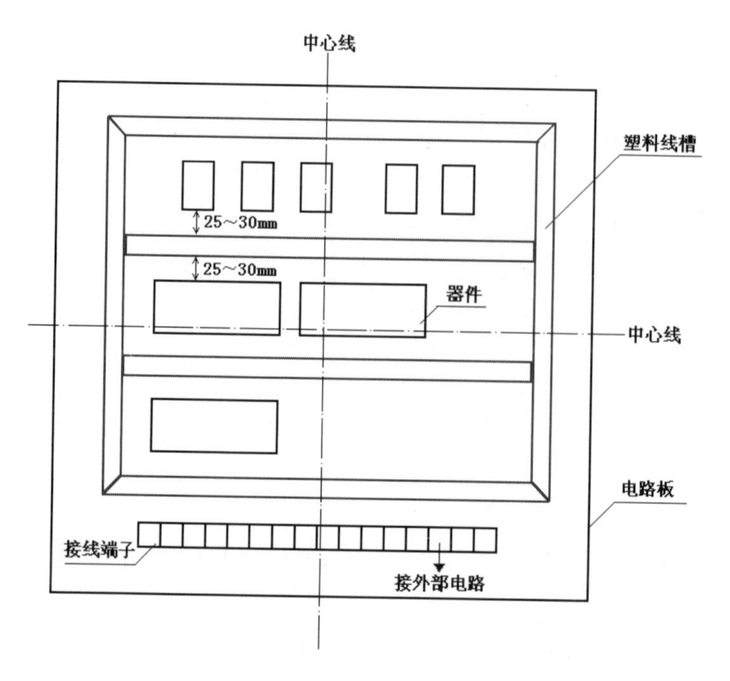

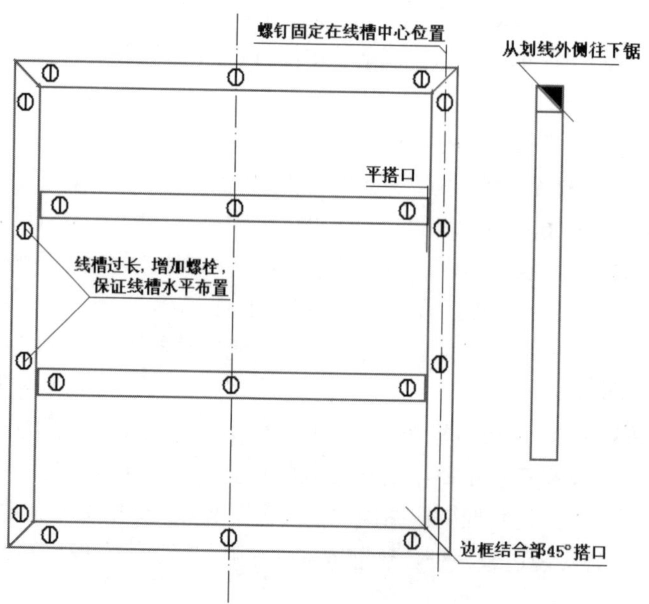

图 3-2　器件、线槽、盖板的布置与固定示意图

2) 线槽、盖板的布置与固定。塑料底槽必须横平竖直平整地固定在电路底板上，保证盖板良好地盖上，先做底槽后做盖板，线槽接合部按规范要求进行制作，如图 3-2 所示。确定固定螺栓距离时，以底槽不出现凸凹现象为准。

3) 导线安装与连接。根据安装接线图进行接线，首先选择一根长短合适的导线，两端套上号码管，写上编号，根据导线连接工艺要求进行连线，将号码管编号相同的导线串接在一起(如三个点用两根线连接)，依次连接完所有线路。导线连接工艺要求如下：

(1) 导线与器件连接如图 3-3 所示，线路走线必须经过线槽，线路换向需要遵循 90°原则，横平、竖直、转弯处为直角。

图 3-3　导线与器件连接

(2) 导线与平型桩连接如图 3-4 所示，导线必须全部压入两片平垫片之间，羊角圈制作方向应与螺栓旋紧方向一致，垫片不能压住绝缘层，连接必须紧固牢靠，每个线桩最多只能接两根线。

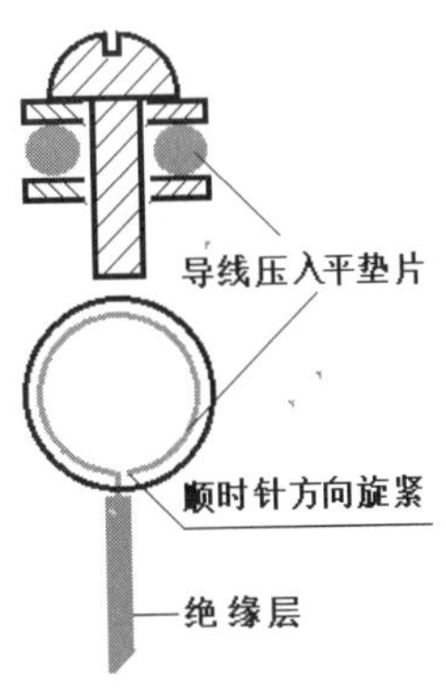

图 3-4　导线与平型桩连接

(3) 导线与瓦型桩连接如图 3-5 所示，所有芯线拧成一股。在导线裸露部分 1mm 内，不可将绝缘层接到线桩里，否则可能出现接触不良。

(a)将线端弯成U形

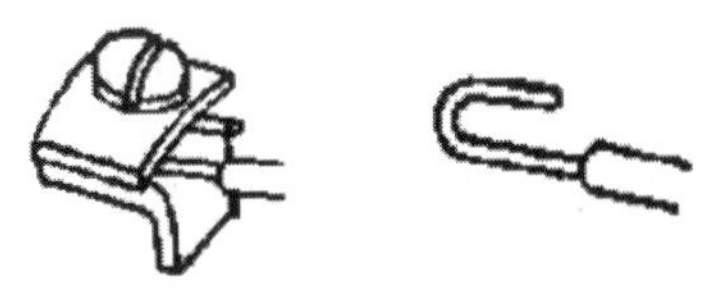

(b) 两个线头都弯成U形，按相反方向叠在一起

图 3-5　导线与瓦型桩连接

5. 电路排故检修

电路安装好后，使用电阻测量法按照正反转电路原理图 3-1 进行试电前故障检测。此处将描述一般检测流程。第一步，测量前，断开外部电源，拧开熔断器 FU2，去除并联支路，选择万用表欧姆挡 2kΩ 挡。第二步，把万用表两表笔分别放在 1 和 7 的位置，分别按下 SB2、SB3、KM1、KM2。如果万用表显示电阻约为 1.8kΩ，则说明正转控制电路、反转控制电路、正转自锁控制电路、反转自锁控制电路无故障。反之，若电阻为无穷大，则说明有断路故障；电阻为 0，则说明有短路故障。其排障方法可采用电阻分阶测量法或电阻分段测量法。第三步，测量完毕后，将 FU2 拧紧，并测量 FU1、FU2 每个熔断器两端电阻是否为 0Ω，至此所有线路测试完成。

1) 电阻分阶测量法。测量线路两点之间的阻值并进行比较的一种故障检测方法。以电机正转控制线路为例，假设控制回路电源正常，断开电源，按下 SB2 按钮，KM1 不吸合，表明控制电路存在断路故障。测量前先断开电源，拧开 FU2，切断并联支路，按下 SB2 不放，将数字万用表转换开关置于 2kΩ 挡，按图 3-6 所示方法进行测量。

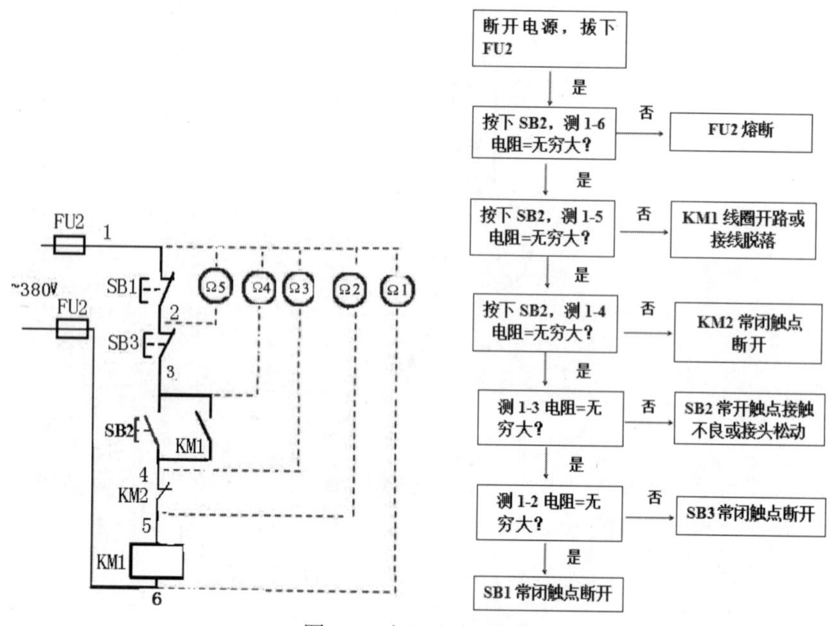

图 3-6　电阻分阶测量法

2) 电阻分段测量法。测量线路相邻两点之间阻值的一种故障检测方法。以电机正转控制线路为例，假设控制电路电源正常，按下 SB2 按钮，KM1 不吸合，表明控制电路存在断路故障。电阻分段测量法为：测量前先断开电源，拧开 FU2，切断并联支路，将数字万用表转换开关置于 2kΩ 挡，按图 3-7 所示方法进行测量，当测得相邻两点间的阻值为无穷大时，即可视为故障点。

故障现象	测量点	电阻值（Ω）	故障点
电源正常，按下SB2按钮，接触器 KM1 不吸合	1-2	无穷大	SB1 常闭触点断开
	2-3	无穷大	SB3 常闭触点断开
	按下 SB2，测 3-4	无穷大	SB2 常开触点未接通
	4-5	无穷大	KM2 常闭触点断开
	5-6	无穷大	KM1 线圈断开

图 3-7　电阻分段测量法

3.1.5　实习步骤

掌握正反转电路工作原理和安装工艺；掌握常用低压电器元件的型号、结构、工作原理、功能作用以及图形和文字符号；画出正反电路工作原理图和安装接线图；准备好实习用的工具、材料、设备和电器元件等；做好安全用电防护措施。实习主要步骤如下。

1.电器元件检查：拆除电路板上的所有导线，检查导线是否破损，导线连接点是否牢固；检查电器元件是否缺失，其明细如表 3-1 所示；检查电器元件好坏，选用万用表欧姆 2kΩ 挡。

1）测量熔断器的熔芯电阻是否为 0Ω；

2）380V 交流接触器的线圈电阻是否为 1.8kΩ；

3）注意交流接触器、按钮盒和热继电器的常开和常闭触点(未通电或未手动按压，常开触点电阻为无穷大，常闭触点电阻为 0Ω；通电或手动按压后，常开触点电阻为 0Ω，常闭触点电阻为无穷大)。

表 3-1　电器元件明细表

代号	名称	型号	数量	代号	名称	型号	数量
FU1	熔断器	RL1-60/25	3	FR	热继电器	JR16-20/3	1
FU2	熔断器	RL1-15/2	2	SB	按钮盒	LA10-3H	1
KM1、KM2	交流接触器	CJ10-20	2	XT	接线端子排	JX2-1015	1

2. 正反转电路的安装操作。

3. 正反转电路的排故检修操作。

4. 对正反转电路执行试电操作时，要注意用电安全，遵守安全用电操作规程；单手操作，切忌手触碰元器件金属部位；如果操作过程中遇到任何故障，先把电源断开，再进行检查。其一般试电步骤如下：

1）将导线 U11、V11、W11 三相分别插入操作台 L1、L2、L3 三个孔中，合上开关 QS 接通电源。

2）按下 SB2 正转按钮，交流接触器 KM1 吸合；松开 SB2 后，KM1 自锁持续吸合，电机连续正转。

3）按下 SB3 反转按钮，交流接触器 KM1 断开，KM2 吸合；松开 SB3 后，KM2 自锁持续吸合，电机连续反转。

4) 按下 SB3 停止按钮，交流接触器 KM2 断开，电机停止转动。

5) 断开电源，取出导线 U11、V11、W11，整理好桌面及工具。

3.1.6 实习设备简介

电工实习装置台如图 3-8 所示，由实验桌(带抽屉)、控制柜、实验屏和工作照明灯等构成。柜体中心控制柜配断路器、信号灯、电流表、电压表、控制按钮、电压换相开关、紧急停止按钮等器件，使其具有过流、短路保护和分路控制指示的功能。

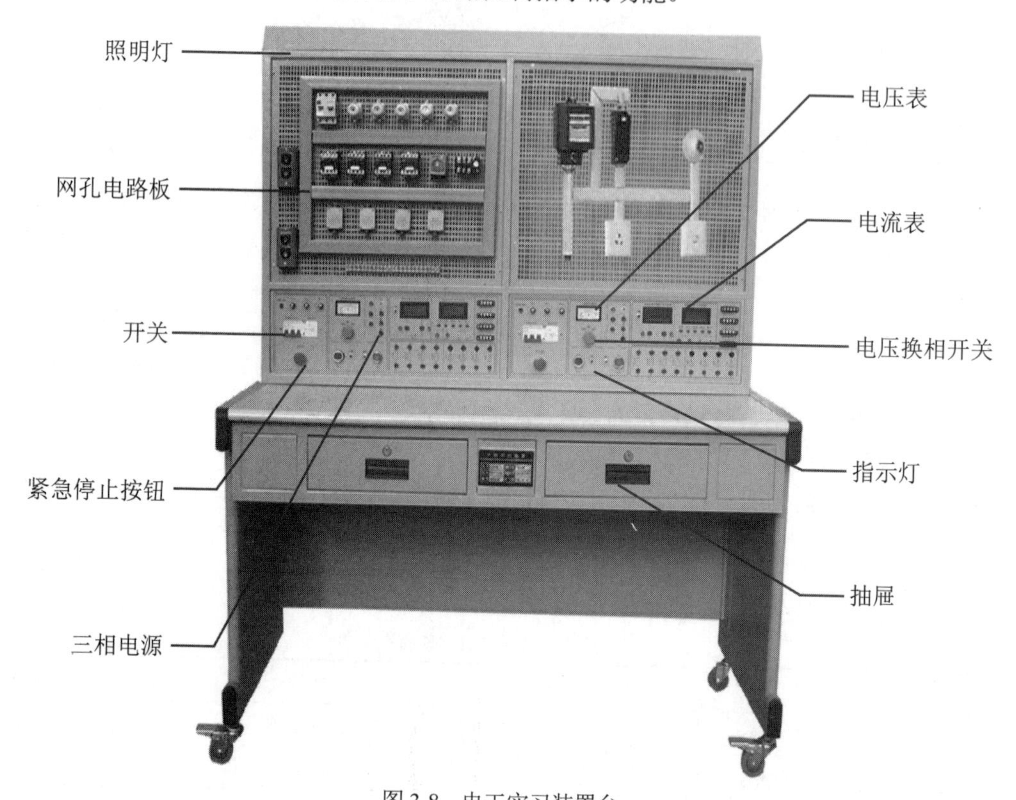

图 3-8 电工实习装置台

3.1.7　实习报告

1. 填空题(20 分，每小题 5 分)

1) 触电的基本类型有单相触电、______、______。
2) 一般情况下，电路中热继电器可以做______保护，熔断器可以做______保护。
3) 常见的故障类型有短路故障和______故障。
4) 电路故障分析的最基本方法是______法。

2. 名词解释(20 分，每小题 10 分)

1) 自锁

2) 互锁

3. 简答题(20 分)

简述热继电器的结构和工作原理。并画出保护特性曲线图(i-t 图)。

4. 计算题(40 分)

某生产车间电力负荷如下：

1) 照明

节能灯，200W(每盏)　　20 盏，额定电压 220V

2) 加热

烘烤箱，4kW(每台)　　2 台，额定电压 380V

3) 机床设备拖动

三相异步鼠笼型电机 10 台。其中：

1.5kW 电机 9 台，额定电压 380V

5.5kW 电机 1 台，额定电压 380V

启动方式均为单台轻载启动。电机工作电流约 2A。请选择该车间熔断器总熔体的额定电流(在 1～1.15 倍之间取整)。

评分：________　指导老师：________　时间：________

3.2 X62W万能铣床电路的安装与调试

3.2.1 实习目的

铣床电路实习旨在巩固所学理论知识与实践知识，培养学生的专业技能和实践动手能力，对提高学生创新能力、分析问题和解决问题的能力以及团队协作能力等具有重要作用。通过该课程的学习，学生能达到以下培养要求：

1. 了解安全用电常识和电工安全操作规程，掌握触电预防及触电急救措施。

2. 了解常用低电压元器件，包括元器件的型号、结构、工作原理、图形文字符号、接线位置、作用，并能根据具体电路需要正确选型和合理使用。

3. 掌握铣床电路的基本工作原理和安装工艺。

4. 能够解读较复杂的机床电气控制原理图和接线图，具有根据电路原理图独立设计器件布置图和接线图的能力。

5. 掌握检修典型电路电气故障的一般步骤和方法，并能熟练使用所学方法快速定位和排除铣床电路的任意电气故障。

6. 具有一定的组织管理能力、表达能力、人际交往能力以及团队协作能力。

3.2.2 安全注意事项

1. 严格按规定穿着工作服和使用防护用品，严禁穿拖鞋。

2. 实习室内的任何电气设备未经验明无电时，一律视为有电，不准用手触摸。

3. 试电前：①应检查各电器元件是否良好，导线有无绝缘损坏或裸露过长现象；严格执行安全操作规程，未经指导教师许可，不得擅自合闸送电；②电路安装好后，用万用表检查一步试电操作。

4. 试电中：①身体不能碰触电路板，应单手操作，严禁用手碰触除按钮外的其他配电设备；②遇到任何电路故障，必须先断开电源，然后进行线路检查，不可在带电情况下执行排除故障的操作；③有事需要离开试电位置时，必须先断开电源，再离开；④发现自己或其他同学发生触电事故时，可按操作台前面的红色紧急停止按钮，来切断整个试电场地电源，保护人身安全。

5. 试电结束后：要先关断电源再拆其他电器元件或导线，切勿在电器设备带电时，触碰和拆除任何电器或载流导线。

3.2.3 实习要求

1. 以学生自主操作为主，2人一组，自由组队。

2. 实习前要求学生预习实习指导书；教师准备好实习材料和设备(如导线、万用表、网孔电路板、电工工具等)。

3. 整个实习过程必须按照实习操作规程进行，未经教师许可，不得擅自合闸送电或触碰带电设备。

3.2.4 实习内容

实习内容包括：常用电压电器元件，X62W 铣床控制电路工作原理，电路排故检修和实习报告。

1. 常用低压电器元件

1) 行程开关(SQ)：行程开关(又称限位开关)是一种常用的小电流主令电器。利用生产机械运动部件的碰撞使其触点动作，来接通或分断控制电路，达到一定的控制目的。通常，这类开关用来限制机械运动的位置或行程，使运动机械按一定位置或行程自动停止、反向运动、变速运动或自动往返运动等。

2) 倒顺开关(SA5)：倒顺开关也称顺逆开关。它的作用是连通、断开电源或负载，可使电机正转或反转，主要用于单相、三相电机正反转。

3) 组合开关(SA1 或 SA3)：组合开关又称转换开关，有单极、双极、三极和多极之分。组合开关是由多组结构相同的触点组件组合而成的控制电器，由动触片、静触片、转轴、手柄、凸轮、绝缘杆等部件组成。当转动手柄时，每层的动触片随转轴一起转动，使动触片分别和静触片保持接通和分断。为使组合开关在分断电流时迅速熄弧，在开关的转轴上装有弹簧，能使开关快速闭合和分断。组合开关常用在机床的控制电路中，作为电源的引入开关，或作为自我控制小容量电机的直接启动、反转、调速和停止的控制开关等。

4) 速度继电器(KS)：速度继电器(转速继电器)又称反接制动继电器。它主要由转子、定子及触点三部分组成。速度继电器主要用于三相异步电机反接制动的控制电路中，它的任务是当三相电源的相序改变后，产生与实际转子转动方向相反的旋转磁场，从而产生制动力矩，使电机在制动状态下快速降低转速。在电机转速接近零或某一设定值时立即发出信号，切断电源使之停车(否则电机开始反方向启动)。

5) 牵引电磁铁(YA)：牵引电磁铁主要由线圈、铁心及衔铁三部分组成。当线圈通电后，铁心和衔铁被磁化，成为极性相反的两块磁铁，它们之间产生电磁吸力。当吸力大于弹簧的反作用力时，衔铁开始向着铁心方向运动。当线圈中的电流小于某一定值或中断供电时，电磁吸力小于弹簧的反作用力，衔铁将在反作用力的作用下返回原来的释放位置。利用动铁心和静铁心的吸合及复位弹簧的弹力，实现牵引杆的直线往复运动，主要用于机械设备及自动化系列的各种操作机构的远距离控制。

6) 变压器(TC)：通过电磁感应原理工作。变压器有两组线圈(初级线圈和次级线圈)，当初级线圈通上交流电时，变压器铁芯产生交变磁场，次级线圈产生感应电动势。初次级线圈的电压比等于它们的匝数比，用于升高或降低电压。

2. X62W 铣床电路的工作原理

X62W 铣床电路的电气原理图如图 3-9 所示，整个电路分为主电路、控制电路、辅助电路三部分。机床电源采用三相 380V 交流电源供电，由电源开关 QS 引入，总电源短路保护为熔断器 FU1。

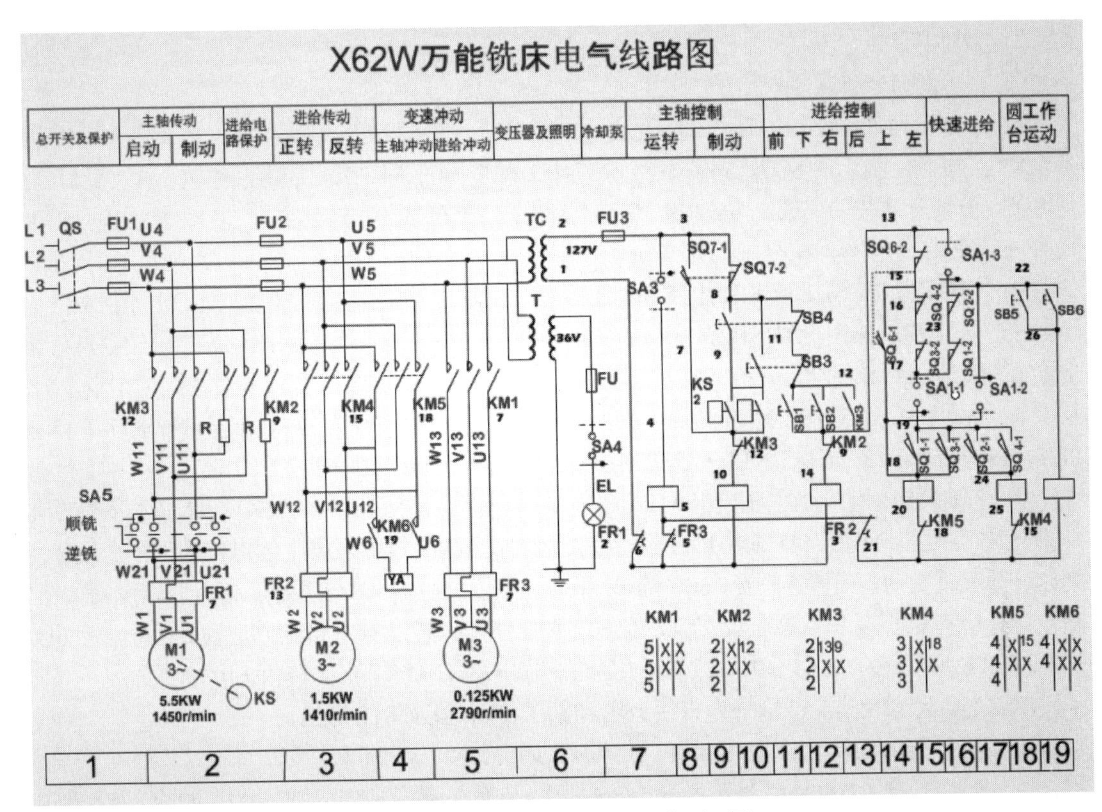

图 3-9　X62W 铣床电路的工作原理图

1) 主电路

(1) 主轴电机(M1)正反转运动。

① M1 启动(KM3)：其主电路工作电流路径为电源→QS→FU1→KM3→SA5→FR1→M1。

② M1 正反转(SA5)：SA5 顺铣-正转；SA5 逆铣-反转。

③ M1 反接制动(KM2)：其主电路工作电流路径为电源→QS→FU1→KM2→R(制动电阻)→SA5→FR1→M1。

(2) 进给电机(M2)正反转运动：用于工作台的前后、左右、上下运动。

① M2 正转运动(KM4)用于工作台向右、前、下运动，其主电路工作电流路径为电源→QS→FU1→FU2→KM4→FR2→M2。

② M2 反转运动(KM5)用于工作台向左、后、上运动，其主电路工作电流路径为电源→QS→FU1→FU2→KM5→FR2→M2。

③ M2 快速进给(KM6)运动的原理是电磁铁 YA 通电，摩擦离合器合上，减少中间传动装置，使工作台按运动方向快速进给。其主电路工作电流路径为电源→QS→FU1→FU2→KM5/KM4→KM6→YA。

(3) 冷却泵电机(M3)。

M3 正转运动(KM1)提供冷却液，其主电路工作电流路径为电源→QS→FU1→FU2→KM1→FR3→M3。

2) 控制电路

(1) 主轴(M1)控制。

① 主轴变速冲动(按 SQ7)：SQ7-1 通，SQ7-2 断，KM2 通电。当需要主轴变速冲动(齿轮啮合)时，按下行程开关 SQ7，常开触点 SQ7-1 闭合，使 KM2 线圈通电，电机 M1 启动，松开 SQ7，主轴变速冲动完成。其控制电路电流路径为 2→FU3→3→SQ7-1→7→KM3→10→KM2 线圈→6→FR1→1。

② 主轴启动(按 SB1 或 SB2)且 KM3 通电后，主轴顺铣工作步骤为：合上 QS，将 SA5 置于顺铣。按下启动按钮 SB1(SB2)，KM3 线圈通电，KM3 主常开触点闭合，M1 正转。速度继电器 KS 转速达到 n＞120r/min，KS 常开触点闭合，为反接制动做准备。主轴逆铣工作步骤为：只要将倒顺开关 SA5 置于逆铣位置。其控制电路工作电流路径为 2→FU3→3→SQ7-2→8→SB4→11→SB3→12→KM3→13→KM2→14→KM 线圈→6→FR1→1。

③ 主轴反接制动：当主轴电机 M1 停车时，按下停止按钮 SB3(或 SB4)，KM3 线圈先断电(其所有触点复位，电机 M1 断电后会进行惯性运转)，KM2 线圈后得电给电机 M1 一个反作用力，进行反接制动。当转速降至 120r/min 以下时，速度继电器 KS 常开触点断开，接触器 KM2 断电，其所有触点复位，停车反接制动结束，M1 停车。其控制电路工作电流路径为 2→FU3→3→SQ7-2→8→SB3/SB4→9→KS→7→KM3→10→KM2 线圈→6→FR1→1。

(2) 进给运动(M2)：进给分为直线进给和圆工作台运动(SA1 切换)。

A、直线进给(旋转 SA1 让 SA1-1 、SA1-3 闭合，SA1-2 断开)。

① 进给变速冲动(SQ6)：按下 SQ6(SQ6-1 闭，SQ6-2 断)，KM4 通电，M2 正转。其控制电路工作电流路径为 2→FU3→3→SQ7-2→8→SB4→11→SB3→12→KM3→13→SA1-3→22→SQ2-2→23→SQ1-2→17→SQ3-2→16→SQ4-2→15→SQ6-1→18→KM4 线圈→20→KM5→21→FR2→5→FR3→6→FR1→1。

② 右进给：按 SQ1(SQ1-1 闭，SQ1-2 断)，KM4 通电，M2 正转。其控制电路工作电流路径为 2→FU3→3→SQ7-2→8→SB4→11→SB3→12→KM3→13→SQ6-2→15→SQ4-2→16→SQ3-2→17→SA1-1→19→SQ1-1→18→KM4 线圈→20→KM5→21→FR2→5→FR3→6→FR1→1。

③ 左进给：按 SQ2(SQ2-1 闭，SQ2-2 断)，KM5 通电，M2 反转。其控制电路工作电流路径为 2→FU3→3→SQ7-2→8→SB4→11→SB3→12→KM3→13→SQ6-2→15→SQ4-2→16→SQ3-2→17→SA1-1→19→SQ2-1→24→KM5 线圈→25→KM4→21→FR2→5→FR3→6→FR1→1。

④ 前(下)进给：按 SQ3(SQ3-1 闭，SQ3-2 断)，KM4 通电，M2 正转。其控制电路工作电流路径为 2→FU3→3→SQ7-2→8→SB4→11→SB3→12→KM3→13→SA1-3→22→SQ2-2→23→SQ1-2→17→SA1-1→19→SQ3-1→18→KM4 线圈→20→KM5→21→FR2→5→FR3→6→FR1→1。

⑤ 后(上)进给：按 SQ4(SQ4-1 闭，SQ4-2 断)，KM5 通电，M2 反转。其控制电路工作电流路径为 2→FU3→3→SQ7-2→8→SB4→11→SB3→12→KM3→13→SA1-3→22→SQ2-2→23→SQ1-2→17→SA1-1→19→SQ4-1→24→KM5 线圈→25→KM4→21→FR2→5→FR3→6→FR1→1。

⑥ 快速进给(SB5 或 SB6)：在进给同时按下 SB5 或 SB6，KM6 通电，电磁铁 YA 吸合。其控制电路工作电流路径为 2→FU3→3→SQ7-2→8→SB4→11→SB3→12→KM3→13→SA1-3→22→SB5/SB6→26→KM6 线圈→21→FR2→5→FR3→6→FR1→1。

B、圆工作台运动：旋转 SA1(SA1-2 闭合，SA1-1 、SA1-3 断开)，KM4 通电，M2 正转。其工作电流路径为 2→FU3→3→SQ7-2→8→SB4→11→SB3→12→KM3→13→SQ6-2→15→SQ4-2→16→SQ3-2→17→SQ1-2→23→SQ2-2→22→SA1-2→18→KM4 线圈→20→KM5→21→FR2→5→FR3→6→FR1→1。

(3) 冷却泵运转(M3)：旋转 SA3，KM1 通电，M3 正转。其控制电路工作电流路径为 2→FU3→3→SA3→4→KM1 线圈→5→FR3→6→FR1→1。

3) 辅助电路

照明：旋转 SA4，EL 灯亮。其电流路径为 02→FU→31→SA4→32→EL→01。

3. 排故检修

电路安装好后，使用电阻分阶测量法，根据图 3-9 所示进行故障检测。其一般检测流程如下。

1) 测量前：断开电源，所有电器元件复位，万用表欧姆挡选择 2kΩ 挡。

2) 测主轴控制回路：拧开 FU3，断开并联支路，将两表笔分别放 1、3 处。

(1) 旋转 SA3，电阻约为 0.2kΩ，冷却泵控制回路正确，SA3 复位。

(2) 按下 SQ7，电阻约为 0.2kΩ，主轴变速冲动回路正确，松开 SQ7。

(3) 按下 SB1 或 SB2，电阻约为 0.2kΩ，主轴启动回路正确，按钮复位。

按下 KM3 辅助常开触点，电阻约为 0.2kΩ，主轴 KM3 自锁正确，触点复位。

(4) 按下 SB3 或 SB4，电阻约为 0.2kΩ，主轴制动回路正确，按钮复位。

3) 测进给控制回路：将 KM2 辅助常闭触点 14 断开，将数字万用表两表笔分别放在 6、13 处。

将 SA1 旋转至 1、3 通，2 断位置，测直线进给回路。

(1) 按下 SQ6，电阻约为 0.2kΩ，进给变速冲动回路正确，松开 SQ6。

(2) 按下 SQ1，电阻约为 0.2kΩ，右进给回路正确，松开 SQ1。

(3) 按下 SQ2，电阻约为 0.2kΩ，左进给回路正确，松开 SQ2。

(4) 按下 SQ3，电阻约为 0.2kΩ，前(下)进给回路正确，松开 SQ3。

(5) 按下 SQ4，电阻约为 0.2kΩ，后(上)进给回路正确，松开 SQ4。

将 SA1 旋转至 1、3 断，2 通位置，测圆工作台回路。若电阻约为 0.2kΩ，则圆工作台回路正确。

4) 测快速进给回路：将 SA1 复位(1、2、3 都断)，万用表两表笔分别放在 6、13 处，按下 SB5 或 SB6，电阻约为 0.2kΩ，快速进给回路正确。

5) 测量完毕后：将 FU3 拧紧，将 KM2 辅助常闭触点 14 接好，并测量 FU1、FU2、FU3，熔断器两端电阻为 0Ω，所有回路测试完成。

3.2.5 实习步骤

掌握 X62W 万能铣床电路安装工艺和各电器元件型号、结构、工作原理、功能作用以及图形和文字符号；画出 X62W 万能铣床电路工作原理图和安装接线图；准备好实习用的工具、材料、设备和电器元件等；做好安全用电防护措施。实习主要步骤如下。

1. 电器元件检查：拆除电路板上的所有导线，检查导线是否破损，检查导线连接点是否牢固，检查电器元件是否缺失(其明细如表 3-2 所示)，检查电器元件是否良好(选用万用表欧姆 2kΩ 挡)：①测量熔断器的熔芯电阻是否为 0Ω；②127V 交流接触器的线圈电阻是否为 0.2kΩ；③检查交流接触器、按钮盒、行程开关和热继电器的常开和常闭触点(未通电或未手动按压，常开触点电阻为无穷大，常闭触点电阻为 0Ω；通电或手动按压后，常开触点电阻为 0Ω，常闭触点电阻为无穷大)；④变压器初级绕组分别为 380V 和 0V(电阻 0.12kΩ)，次级绕组分别为 127V 和 0V(电阻 0.02kΩ)；⑤倒顺开关和组合开关，根据旋转位置不同，相应的闭合触点电阻为 0Ω，断开触点电阻为无穷大。

表 3-2 电器元件明细表

代号	名称	型号	数量	代号	名称	型号	数量
FU1	熔断器	RL1-60/25	3	FR	热继电器	JR16-20/3	3
FU2/FU3	熔断器	RL1-15/2	4	SB1-SB6	按钮盒	LA10-3H	2
KM1-KM6	交流接触器	CJX1-9/22	6	XT	端子排	JX2-1015	2
SQ1-SQ4	行程开关	YBLX-19/111	4	TC	变压器	BK-50	1
SQ6-SQ7	行程开关	YBLX-19/111	2	SA1	组合开关	HZ10-10P/3	1
SA3	组合开关	HZ10-10P/1	1	SA5	倒顺开关	HZ3-132	1

2. 铣床电路安装操作。

3. 铣床电路排故检修操作。

4. 铣床电路试电操作：要注意安全用电，遵守安全操作规程；单手操作，切忌手碰触元器件金属部位；操作过程中遇到任何故障，先把电源断开，再进行检查。其一般试电步骤如下。

1) 合上开关 QS，将 SA5 旋转至顺铣或倒铣位置，按下 SQ7，KM2 吸合，主轴变速冲动，为主轴启动做准备。

2) 按下 SB1 或 SB2，KM3 吸合，主轴启动，按下 SB3 或 SB4，KM3 断开，KM2 吸合，主轴反接制动。

3) 按下 SB1 或 SB2，KM3 吸合，主轴启动，为进给做准备，合上 SA3，KM1 吸合，冷却泵工作。

4) 将 SA1 旋转至第 1 层、第 3 层接通，第 2 层断开位置，按下 SQ6，KM4 吸合，进给变速冲动，为进给做准备。

5) 按下 SQ1，KM4 吸合，右进给；右进给同时按下 SB5 或 SB6，KM6 吸合，快速右进给。

6) 按下 SQ2，KM5 吸合，左进给；左进给同时按下 SB5 或 SB6，KM6 吸合，快速左进给。

7) 按下 SQ3，KM4 吸合，前(下)进给；前(下)进给同时按下 SB5 或 SB6，KM6 吸合，快速前(下)进给。

8) 按下 SQ4，KM5 吸合，后(上)进给；后(上)进给同时按下 SB5 或 SB6，KM6 吸合，快速后(上)进给。

9) 将 SA1 旋转至第 1 层、第 3 层断开，第 2 层接通位置，KM4 吸合，圆工作台运动。

10) 按下 SB3 或 SB4，主轴、进给均制动，断开电源 QS，将所有元器件都复位。

3.2.6 实习设备简介

电工实习装置台如图 3-10 所示，由实验桌(带抽屉)、控制柜、实验屏和工作照明灯等构成。柜体中心控制柜配断路器、信号灯、电流表、电压表、控制按钮、电压换相开关、急停按钮、主接触器等器件，使其具有过流、短路保护、分路控制指示的功能。

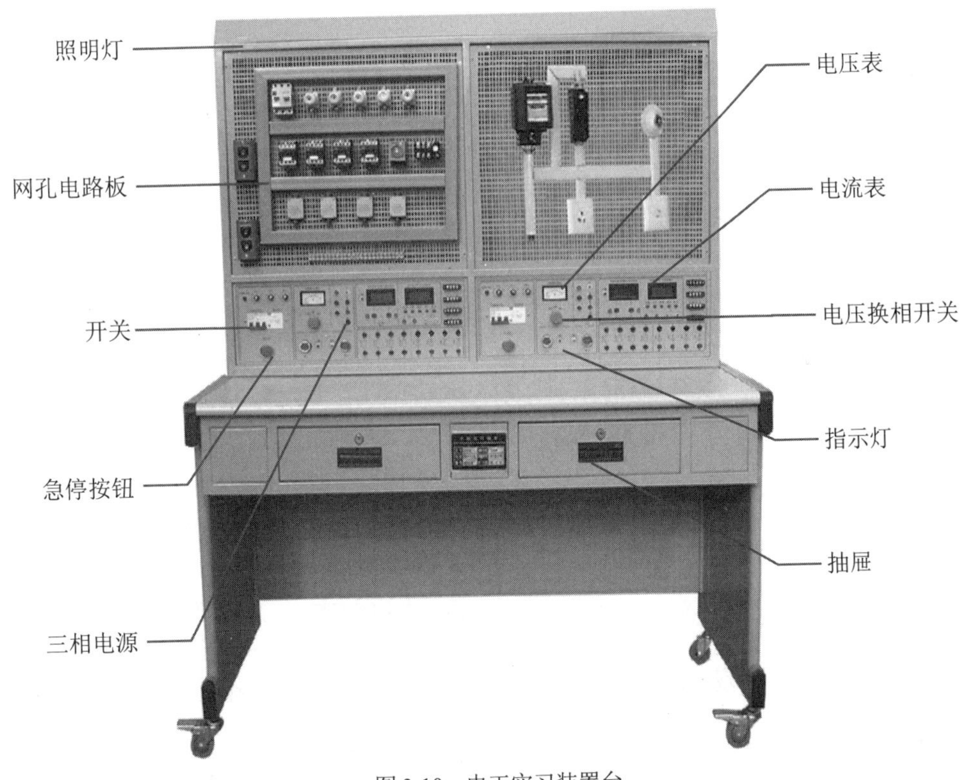

图 3-10 电工实习装置台

3.2.7 实习报告

1. 简答题(40 分，每小题 20 分)

1) 触电的基本类型有哪几种？怎样预防单相触电？

2) 画出电路板安装工艺流程图。

2. 根据工作内容填写表 3-3(20 分)

表 3-3 进给向下运动(用逻辑电路填写)

器件	行程开关		行程开关		行程开关		行程开关		接触器	
	SQ1-1	SQ1-2	SQ2-1	SQ2-2	SQ3-1	SQ3-2	SQ4-1	SQ4-2	KM4	KM5
状态										

3. 问答题(40 分，每小题 20 分)

1) 常见的故障类型有哪几种？引起断路型故障的主要原因有哪些？

2) X62W 铣床电路主轴反接制动采用两个速度继电器常开触点并联在电路中，用一个行不行？为什么？

评分：________________ 指导老师：________________ 时间：________________

3.3 X62W 万能铣床电路故障考核

3.3.1 实习目的

铣床电路故障考核装置适用于课堂演示、铣床电气控制原理性操作及故障检修考核，是电工实习重要的实践教学平台。通过该课程的学习，学生将能达到以下培养要求：

1. 熟悉电工安全操作规程及注意事项。
2. 熟悉故障考核装置的结构、安装接线图以及智能答题器的操作使用。
3. 掌握铣床电路的工作原理和电气故障检修的一般步骤和方法，并能熟练使用所学方法快速定位和排除铣床电路的所有电气故障。
4. 了解并熟悉各种开关在电路中的功能和作用。

3.3.2 安全注意事项

1. 检修铣床时，严格按规定穿戴好绝缘鞋、工作服，避免安全事故。
2. 检修铣床前，先断开电源 QS，用万用表或试电笔检测确保不带电后，才能进行故障检修或用手触摸器件以及导线。
3. 检修铣床前，应先校准万用表或电笔等工具，确保无误后方可使用。使用万用表时应养成良好使用习惯，选择合适的量程和挡位，严禁用手触碰表笔金属部位，防止触电事故发生。
4. 停电检修铣床时，在拉闸处悬挂“有人操作，严禁合闸”的禁示牌，严防他人误合闸。
5. 铣床操作时，如有事需要离开操作位置，必须先断开电源，再离开。
6. 实习场地内的任何电气设备未经验明无电时，一律视为有电，不准用手触摸。

3.3.3 实习要求

1. 以学生自主操作为主，实行 1 人一组。
2. 实习前要求学生预习实习指导书；教师准备好实习材料和工具(如导线、万用表、电工工具等)，确保故障考核装置能正常工作。
3. 整个实习过程必须按照实习操作规程进行，未经教师许可，不得擅自合闸送电或触碰带电设备。

3.3.4 实习内容

实习内容包括：X62W 铣床故障考核装置的电气原理和安装接线图，答题器的操作与使用，电气故障检修方法。

1. X62W 铣床故障考核装置电气原理

X62W 铣床故障考核装置电气原理图如图 3-11 所示，分为主电路和控制电路。

1) 主轴电机的控制

控制线路的启动按钮 SB1 和 SB2 是异地控制按钮，方便操作。SB3 和 SB4 是停止按钮。KM3 是主轴电机 M1 的启动接触器，KM2 是主轴反接制动接触器，SQ7 是主轴变速冲动开关，

KS 是速度继电器。

(1) 主轴电机的启动：启动前先合上电源开关 QS，再把主轴转换开关 SA5 扳到顺铣或逆铣方向，然后按启动按钮 SB1(或 SB2)，接触器 KM3 获电动作，其主触点闭合，主轴电机 M1 启动。

(2) 主轴电机的停车制动：当铣削完毕，需要主轴电机 M1 停车，此时电机 M1 运转速度在 120r/min 以上时，速度继电器 KS 的常开触点闭合(9 区或 10 区)，为停车制动做好准备。当要 M1 停车时，就按下制动按钮 SB3(或 SB4)，KM3 断电释放；由于 KM3 主触点断开，电机 M1 断电做惯性运转，紧接着接触器 KM2 线圈获电吸合，电机 M1 串电阻 R 反接制动。当转速降至 120r/min 以下时，速度继电器 KS 常开触点断开，接触器 KM2 断电释放，停车反接制动结束。

(3)主轴的冲动控制：当需要主轴冲动时，按下冲动开关 SQ7，SQ7 的常闭触点 SQ7-2 断开，然后常开触点 SQ7-1 闭合，使接触器 KM2 通电吸合，电机 M1 启动，冲动完成。

2) 工作台进给电机控制

转换开关 SA1 用于控制圆工作台，在不需要圆工作台运动时，转换开关扳到“断开”位置，此时 SA1-1 闭合，SA1-2 断开，SA1-3 闭合；当需要圆工作台运动时将转换开关扳到“接通”位置，则 SA1-1 断开，SA1-2 闭合，SA1-3 断开。

(1) 工作台左右(纵向)进给。

当工作台向右运动时，按下开关 SQ1，常开触点 SQ1-1 闭合，常闭触点 SQ1-2 断开，接触器 KM4 通电吸合电机 M2 正转，工作台向右运动；当工作台向左运动时，按下开关 SQ2，常开触点 SQ2-1 闭合，常闭触点 SQ2-2 断开，接触器 KM5 通电吸合电机 M2 反转，工作台向左运动。

(2) 工作台上下(升降)和前后(横向)进给。

① 工作台向下(上)运动：在主轴电机启动后，把装在床身一侧的转换开关扳到“升降”位置再按下按钮 SQ3(SQ4)，SQ3(SQ4)常开触点闭合，SQ3(SQ4)常闭触点断开，接触器 KM4(KM5)通电吸合电机 M2 正(反)转，工作台向下(上)运动。到达想要的位置时松开按钮工作台停止运动。

② 工作台向前(后)运动：在主轴电机启动后，把装在床身一侧的转换开关扳到“横向”位置再按下按钮 SQ3(SQ4)，SQ3(SQ4)常开触点闭合，SQ3(SQ4)常闭触点断开，接触器 KM4(KM5)通电吸合电机 M2 正(反)转，工作台向前(后)运动。到达想要的位置时松开按钮，工作台停止运动。

(3) 进给冲动真实机床为使齿轮进入良好的啮合状态，将变速盘向里推。在推进时，使用位置开关 SQ6，首先使常闭触点 SQ6-2 断开，然后常开触点 SQ6-1 闭合，接触器 KM4 通电吸合，电机 M2 启动。但它并未转起来，位置开关 SQ6 已复位，首先断开 SQ6-1，而后闭合 SQ6-2。接触器 KM4 失电，电机失电停转。这样一来，使电机接通一下电源，齿轮系统产生一次抖动，使齿轮啮合顺利进行。要冲动时按下冲动开关 SQ6，模拟冲动。

(4) 工作台的快速移动在工作台向某个方向运动时，按下按钮 SB5 或 SB6(两地控制)，接触器闭合 KM6 通电吸合，它的常开触点(4 区)闭合，电磁铁 YB 通电(指示灯亮)模拟快速进给。

3) 冷却照明控制

要启动冷却泵时扳开关 SA3，接触器 KM1 通电吸合，电机 M3 运转冷却泵启动。机床照明是由变压器 T 供给 36V 电压，工作灯由 SA4 控制。

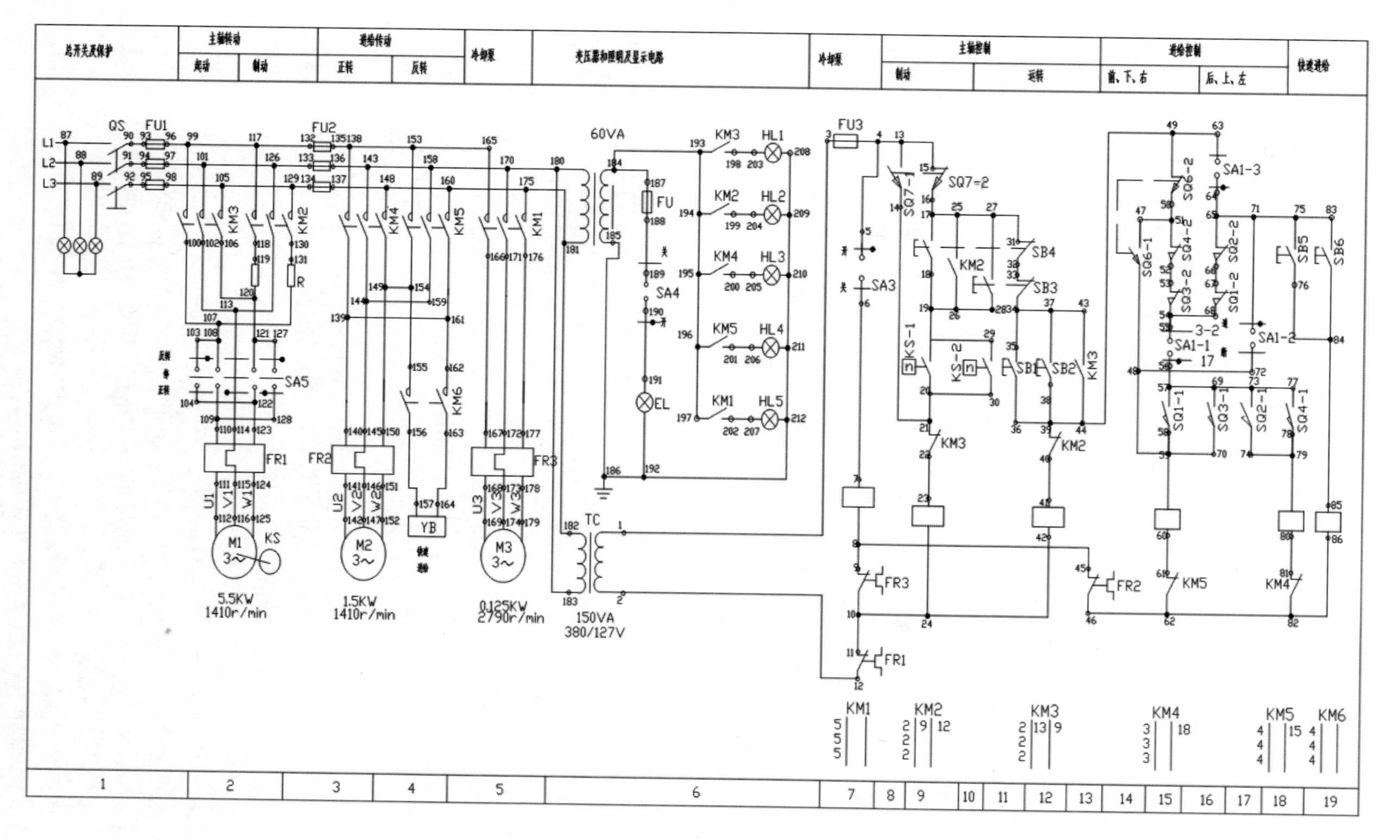

图 3-11　X62W 铣床故障考核装置电气原理图

2. X62W 铣床故障考核装置安装接线图(图 3-12)

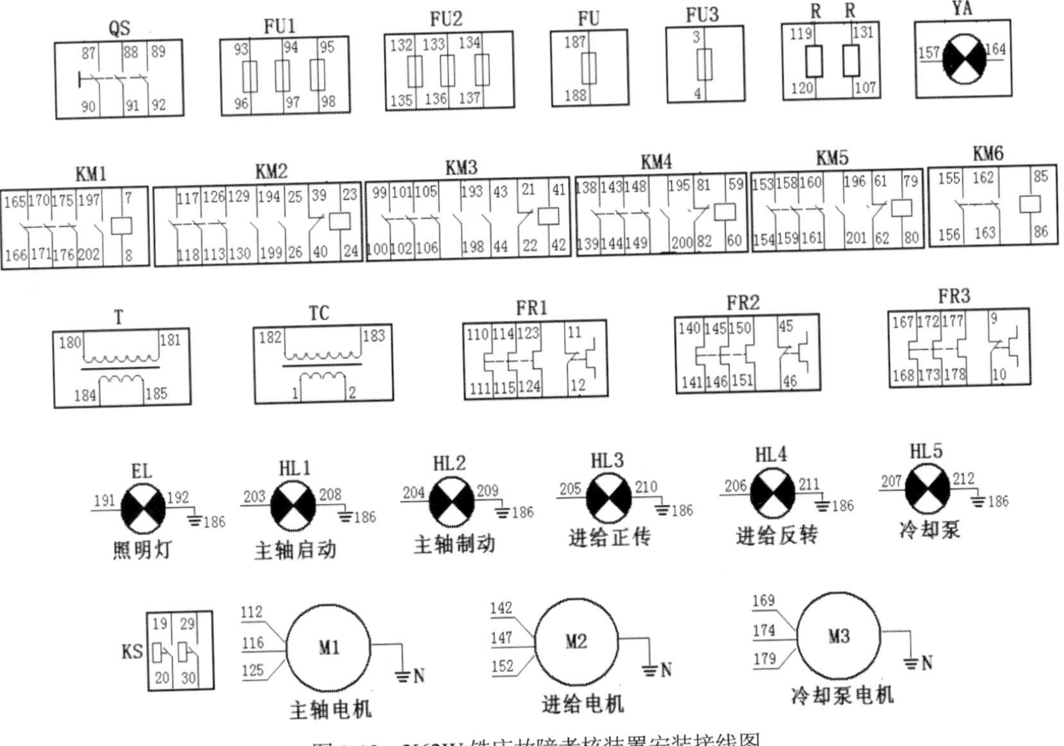

图 3-12 X62W 铣床故障考核装置安装接线图

3. 答题器的操作与使用

1) 考核开始：答题器界面如图 3-13 所示。按数字键在答题器(题目编号/故障始端)输入相应的初始节点编号(三位数)，在答题器(故障点数、故障末端/答题次数)中输入相应的末尾节点编号(三位数)，按“确认”键完成答题。若答案正确，则自动进入下一个故障点答题界面；若答案不正确，则继续停留在该故障点答题界面(一般情况系统为一个题设置两个故障点)。若有多道题，完成上题解答后，按“下一题”，答题器“题目编号”端显示该题题号，答题器“故障点数”端显示故障点个数。

2) 输入错误：当输入错误时，按“退格”键清除节点输入编号，确定后重新输入，直至完成所有考核。

3) 考核超时：考核设置了考核时间，若在规定的时间内未完成考核，系统会自动关闭，后续操作无效，成绩锁定在当前状态。

4) 考核输入次数：每个故障点都将答题错误次数上限设置为 3 次。每答题错误 1 次，根据设置，系统将扣除相应分数。当扣除该题所有分数后，若输入的任何节点编号均无效，成绩锁定在当前状态。

5) 考核结束：完成所有考核工作按下“确认”键后，答题器题目编号端显示为“F 0 1”，故障点数显示为“- 0 0”，最后按“交卷”键，答题器显示“E n -”“- - -”。单击“确认”键，显示 END。

开考前，答题器显示：

题目编号(故障始端)

\-　-　-

故障点数(故障末端)

\-　-　-

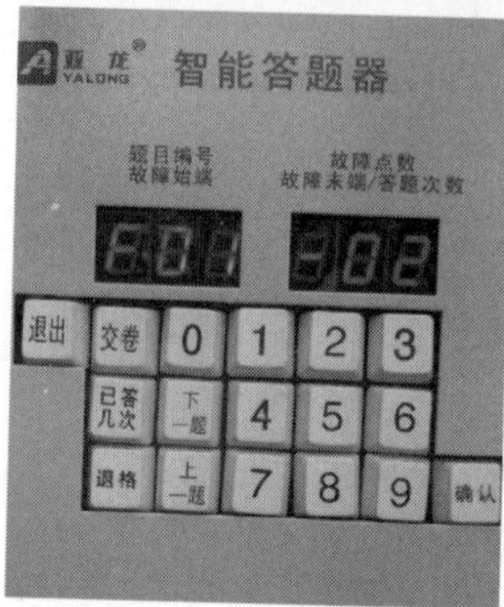

发卷开考后，答题器显示：

始端　F　0　1(代表第 1 题)

末端　0　2(代表该题故障点有 2 个)

图 3-13　答题器界面

4. 电气故障检修方法

X62W 铣床故障考核装置机床面板如图 3-14 所示，故障装置通过继电器模拟线路通断设置故障，采用电阻测量法检修主电路和控制电路。

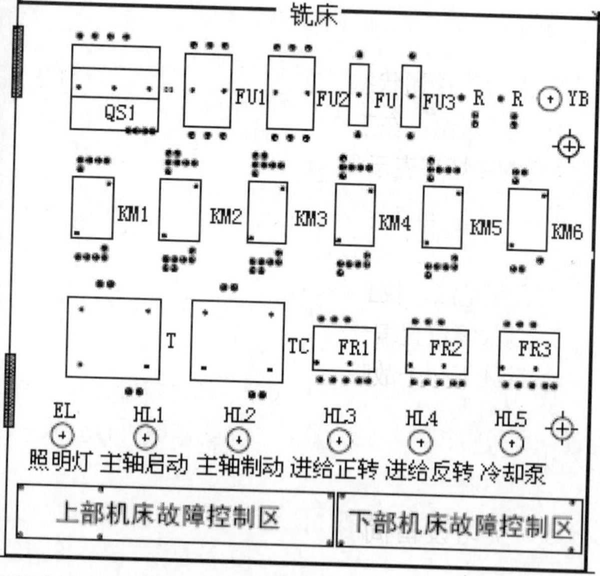

图 3-14　X62W 铣床故障考核装置机床面板图

故障举例：假设故障现象是除了旋转 SA4、指示灯 EL 不亮外，其余所有按键均可正常工作。

分析原因：是断路故障，故障位置可能出现在指示灯控制回路(184→187→188→189→SA4→190→191→192→186→185)。

测量步骤：①断开电源。②测 184 与 189 之间电阻是否为 0。电阻为 0，则说明这段电路无故障；若电阻为无穷大，则需要进一步测量，将故障范围缩到最小。再次测 184 与 187 之间、187 与 188 之间、188 与 189 之间的电阻；哪两点之间的电阻为无穷大，则说明故障点出现在这两者之间，然后将编号输入答题器，按下确认键，完成该故障答题。③同理可测 190 与 185 之间的电阻，找到故障位置。

3.3.5　实习步骤

熟悉故障考核装置的结构、安装接线图以及智能答题器的操作使用；掌握铣床电路的工作原理和电气故障检修的一般步骤和方法，并能熟练用所学方法快速定位和排除铣床电路的任意电气故障；熟悉各种开关在电路中的功能和作用；准备好万用表等工具，做好安全用电防护措施。实习主要步骤如下。

1. 根据如下操作步骤，找到故障现象。

1) 设置开关：先将柜门中间的电路转换开关置于“下”的位置。

2) 主轴运行(M1)：合上电路的电源开关 QS，合上工作照明灯 SA4。将转换开关 SA5 置于顺铣(逆铣)，按下按钮(行程开关)SQ7，KM2 通电，电机 M1 动作，完成冲动。按下按钮开关 SB1(SB2)，主轴电机(M1)启动。按下制动按钮 SB5(SB6)，反接制动，主轴电机 M1 制动。

3) 进给运行(M2)：主轴运行后，将转换开关 SA1 置于断开状态(SA1-1、SA1-3 接通)，则工作台进入直线运行模式。按下按钮(行程开关)SQ6，KM4 通电，电机 M2 动作，完成冲动。分别将中央操作手柄置于前、下、右位置，KM4 通电，电机 M2 正转(相应信号灯亮)；分别将中央操作手柄置于后、上、左的位置，则 KM5 通电，电机 M2 反转(相应信号灯亮)。若将转换开关 SA1 置于接通状态(SA1-2 接通)，圆工作台工作，KM4 通电，电机 M2 正转。

4) 快速进给：在工作台某方向进给时，同时按下按钮 SB5(SB6)，KM6 通电，牵引电磁铁 YB 吸合(YB 灯亮表示吸合)，工作台变为快速进给。

5) 冷却泵运行(M3)：将转换开关 SA3 置于接通状态，KM1 通电，冷却泵 M3 工作。

2. 找到故障现象后，断开电源 QS，根据铣床故障考核装置原理图 3-11 和安装接线图 3-12，使用电阻测量法，找到故障位置。

3. 为故障位置编号(均为三位数)，输入答题器后，单击“确认”键，答题完成。

4. 继续下一个故障答题，重复步骤 1 和步骤 2，直到完成所有故障考核。

5. 最后按“交卷”键，答题器显示“E n -”“- - -”，单击“确认”键，显示 END，考核结束。

3.3.6　实习设备简介

亚龙 YL-115 型智能实训考核设备作为供学生检修机床使用的模拟机床，是电工实习实践教学的重要平台。其部分结构如图 3-15、图 3-16 所示。

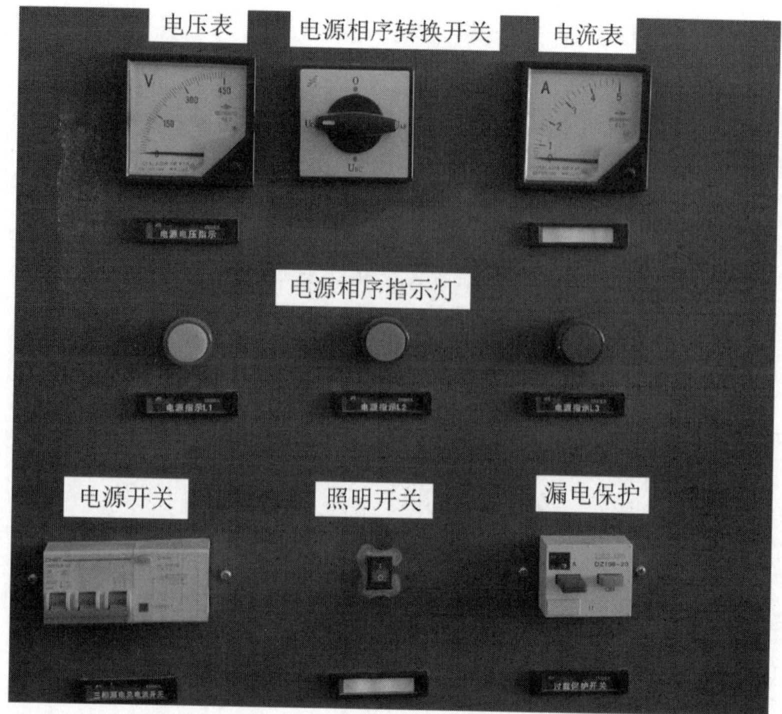

图 3-15　故障考核装置柜门图

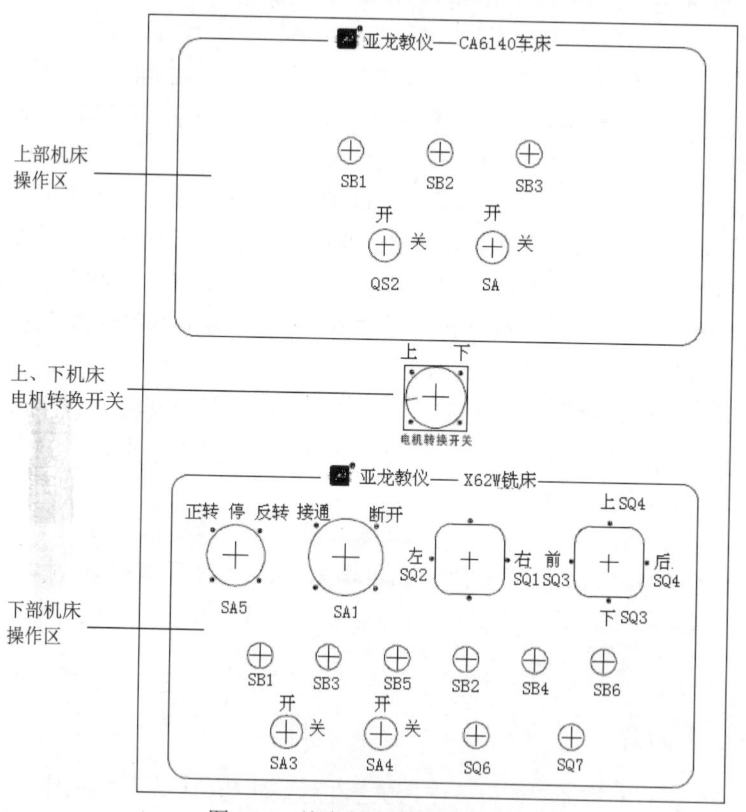

图 3-16　故障考核装置操作区图

3.3.7 实习报告

问答题(100 分，每小题 50 分)

1) 在 X62W 万能铣床电路中，当合上电源开关 QS 时，熔断器 FU1 (U4、W4 两相)熔断，试分析故障可能发生的原因和故障范围，并写出检查步骤。

2) 在 X62W 万能铣床电路中，合上电源开关 QS，主轴能正常工作，冷却泵与工作台均不能工作。试分析故障可能发生的原因和故障范围，并写出检查步骤。

评分：____________ 指导老师：____________ 时间：____________

3.4 数控车床装调维修考核

3.4.1 实习目的

TYCLDTS-1T 型数控车床装调维修实训装置是按照高等院校对数控机床装调维修技能实训考核的要求，结合数控机床装调维修技术领域的特点而研制的，整个实训装置采用开放式设计，便于学员理解。通过本实训项目的开展，学生能达到以下几个目标：

1. 认识西门子 808D 车削版数控系统的各组成部分。
2. 了解和掌握数控系统各个组成部件的功能和应用。
3. 掌握电气元件在电路中的应用，了解电气原理图。
4. 掌握数控车床电动刀架的控制原理。
5. 掌握排除故障、消除报警的一般方法。

3.4.2 安全注意事项

实训安全主要分人身安全和设备安全两个方面。操作者只有具备一定的安全常识，遵守实训安全规则，才能避免发生人身伤害事故，防止损害实训设备。所以必须遵守以下安全规则：

1. 实训前应了解电源开关和空气开关的位置，了解其正确的使用方法，检查其是否安全可靠以及电源线绝缘层是否损坏。
2. 实训过程中连接或拆除器件时必须断电操作，以防造成短路或触电。

3.4.3 实习要求

上好实训课并严格遵守实训操作规则，是提高实训效果、保证实训质量的重要前提。因此实训者必须做到以下几点。

1. 实训由团队共同完成，实行 5 人一组。
2. 实习前要求学生预习实习指导书；上实训课时首先要认真听老师讲解，明确实训中的有关问题，教师准备好实习材料和工具(如导线、万用表、电工工具等)，确保故障考核装置能正常工作。
3. 进入指定位置后，首先检查三相 380V 电源和有关开关的位置，检查所需的元器件和实训连接线是否符合要求。
4. 在进行实训电路的调整测试前，必须先调整好直流电源，检查其电压是否符合要求。
5. 实训结束后应切断电源，实训结果要经老师检查、审阅，保证合格，整理实训仪器和设备。

3.4.4 实习内容

实习内容包括：TYCLDTS-1T 型数控车床装调维修实训装置的各个模块的组成与功能，数控车床电气控制系统的组成，面板操作的各个单元模块，智能排故系统的操作与使用。

1. 介绍数控车床装调维修实训装置的各模块，各部分组成与功能如下。

1) 数控系统：采用西门子808D系统，它是整套实训系统的核心。数控系统根据外部反馈信号，并经过系统软件或者逻辑电路进行编译、运算和逻辑处理后，输出各种控制信号和指令，控制数控车床按照操作者的指令正常运行。

2) 伺服驱动模块：采用东元伺服驱动器和伺服电机，伺服驱动器接收来自数控系统的控制信号，实现X/Z轴的进给控制。

3) 主轴驱动模块：主轴采用变频调速系统，变频器接收来自数控系统的0～10V模拟电压信号，经变频和放大后，驱动主轴电机运动。主轴电机与编码器通过同步带(1:1)连接，可完成主轴电机转速的反馈及主轴参考点坐标系的建立。

4) PLC训练单元：由数控车床示意图、输入输出模块和手轮部分组成。

5) 电动刀架：由一个四工位的电动刀架组成，展现车床电动刀架的电控原理。另外，车床示意图模块可模拟刀架的控制过程。

6) 电气控制模块：主要对车床所需电源进行分配和保护，由空气开关、交流接触器、继电器、熔断器、断路器、接线端子排、继电器模块、开关电源等组成。

7) 智能考核系统：包含智能考核人机操作界面和数控机床故障考核模块。

8) 变压器(TC1)：用于电源的转换，以及伺服驱动与控制回路的供电。

2. 介绍数控车床电气控制系统的组成。

系统由X/Z轴驱动器、X/Z轴电机、变频器、主轴电机、编码器、电子手轮、限位信号、参考点信号、刀位信号、刀架正反转信号、主轴正反转信号等组成。主轴采用变频调速系统，主轴电机与主轴编码器通过多楔带连接，主轴与编码器通过同步带连接(本实训系统中主轴电机与编码器通过同步带1:1连接，模拟主轴的工作)，可完成主轴电机转速的反馈及主轴参考点坐标系的建立。进给驱动采用中国台湾东元交流伺服系统，电机功率为300W。

3. 介绍西门子SINUMERIK 808D数控系统的PPU (面板操作单元)和MCP(机床控制面板)，如图3-17所示。

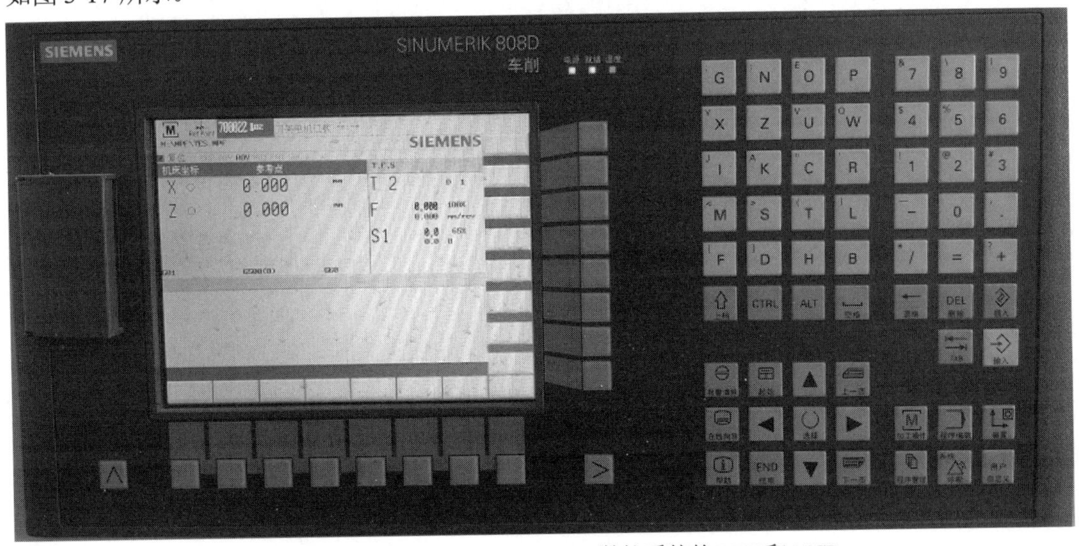

图3-17　西门子SINUMERIK 808D数控系统的PPU和MCP

4. 智能排故系统

智能排故系统包括教师和学生两部分，教师通过教师身份登录进入智能实训考核系统进行故障设置、故障排查、学生信息设置、排故时间设置等。学生则根据教师设置的故障找到正确的故障点，然后进入系统找到故障号，单击，取消故障现象。故障取消后，系统恢复正常运行。

3.4.5 实习步骤

1. 教师操作演示数控车床装调维修实训装置，演示完毕后关机。
2. 学生以正确方式启动实训台，开机正常运行数控系统，学习各操作界面并熟练操作数控车床装调维修实训装置。
3. 教师在智能排故系统中设置故障及故障排查时间。
4. 学生查看故障现象，根据故障现象排查故障。
5. 学生在智能故障排除系统中找到故障点并取消故障，系统恢复正常运行，考核结束。

3.4.6 实习设备简介

图 3-18 显示了 TYCLDTS-1T 型数控车床装调维修实训装置。

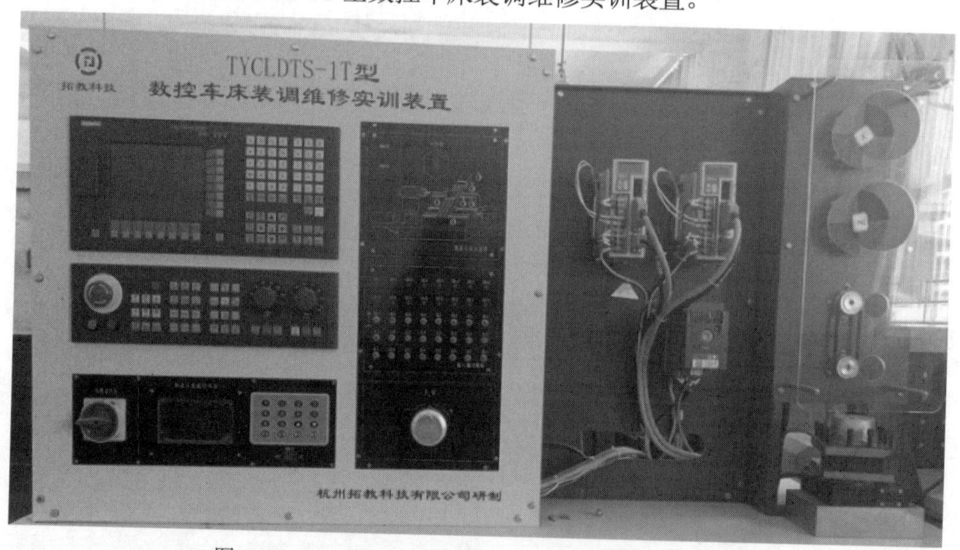

图 3-18　TYCLDTS-1T 型数控车床装调维修实训装置

TYCLDTS-1T 型数控车床装调维修实训装置采用铁质双层亚光密纹喷塑结构，表面为乳白色，底部设有四个带刹车的万向轮，便于移动和固定。本装置的数控系统、智能考核系统、手摇脉冲发生器、输入输出单元均安装在正面左侧安装板上；驱动器、变频器安装在正面中部的安装板上；伺服电机、主轴电机以及编码器安装在正面中部的安装板上；电动刀架及安装块固定在桌面板上；电气模块安装在背面的网孔板上；四工位电动刀架安装在电机模块下方。

3.4.7　实习报告

1. 填空题(30 分，每空 3 分)

1) TYCLDTS-1T 型数控智能考核系统包含______和______模块。

2) 数控系统根据外部反馈信号，并经过系统软件或者逻辑电路进行______和______逻辑处理后，输出各种控制信号和指令，控制数控车床按照操作者的指令正常运行。

3) TYCLDTS-1T 型数控智能系统的电气控制模块主要是对车床所需电源进行______和______，由空气开关、______、______、______、接线端子排、继电器模块、开关电源等组成。

4) TYCLDTS-1T 型数控智能系统变压器(TC1)主要用于电源的转换与______的供电。

2. 判断题(10 分，每小题 2 分)

1) 数控 808D 系统内，有静态存储器 SRAM 和高速闪存 Flash ROM 两种存储器。（　　）

2) 数控车床的回转刀架分为斜式和卧式两种。（　　）

3) 交流伺服电机的运转控制有两种方式，分别为速度控制方式和位置控制方式。（　　）

4) “智能实训考核系统”主要包括学生与教师两部分，教师主要功能包括故障设置、故障排查、学生信息设置、排故时间设置等。（　　）

5) 实训过程中连接或拆除器件时必须断电操作，不得带电操作，以防止造成短路或触电。（　　）

3. 问答题(60 分，每小题 30 分)

1) 简述 TYCLDTS-1T 型数控车床装调维修实训装置各部分的组成与功能。

2) 何为数控机床？数控机床系统的故障可分为哪几类？故障诊断的一般方法有哪些？

评分：______________　指导老师：______________　时间：______________

3.5 收音机的装配与调试

3.5.1 实习目的

收音机的装配与调试项目通过对电子产品整机元件的独立装配、焊接、调试，使同学们对电子元件规格型号、电路结构、工作原理、焊接技术以及装配工艺有初步的感性认识，熟悉电子技术基本操作技能以及使用相关仪器设备，培养学生通过电路工作原理图的分析来解决实际电路故障的能力，提升学生实践动手能力。通过实习使学生达到以下培养要求：

1. 掌握手工焊接的基本原理以及平面焊、交叠焊两种基本焊接操作方法。

2. 学习常用电子元器件的识别与检测，掌握六管式超外差收音机的工作原理和三步法焊接技术。

3. 掌握六管式超外差收音机的调试方法，通过收音机的调试学会排查集成电路故障，培养学生独立思考问题的习惯。

3.5.2 安全注意事项

1. 学生进行焊接实训操作之前必须学习安全操作规程，应严格遵守实习安全操作规程。

2. 进入焊接实训室后，长发学生不得散落头发，必须将头发扎起或盘起；不得穿背心、拖鞋、短裤或短裙进入实训室。

3. 焊接前检查电烙铁能否工作正常，焊接操作过程中不得随意甩动焊接工具(电烙铁)，以免将高温中的焊渣溅落到旁边同学的眼睛或皮肤上造成烧伤事故。

4. 焊接完成后，必须将电烙铁放到专用架上，以防将其他物品烧坏。长时间不用时，应给烙铁头搪锡保护，并拔下电烙铁的电源插头，以防烙铁头“老化”。

3.5.3 实习要求

1. 焊接作业由个人独立完成。
2. 整个实习过程必须按照实习安全操作规程进行。
3. 实习前要求学生预习实习指导书，提前了解实习的内容和意义。
4. 实习教师提前做好实习准备，提前做好现场演示教学准备。
5. 不按正规操作流程随意操作仪器设备，造成仪器设备损坏的，需要按损坏程度赔偿。

3.5.4 实习内容

1. 安全教育

掌握安全用电常识、常见触电事故类型、触电急救措施和急救方法(人工呼吸法和胸外心脏按压法)、烧伤烫伤事故处理方法。

2. 焊接技术原理

焊接也称为熔接，是一种以加热、高温或高压方式接合金属或其他热塑性材料(如塑料)的制造工艺及技术。焊接的本质是两种或两种以上同种或异种材料通过原子或分子之间的结合和扩散连接成一体的工艺过程。

3.5.5 实习步骤

1. 焊接工具及材料(图 3-19)

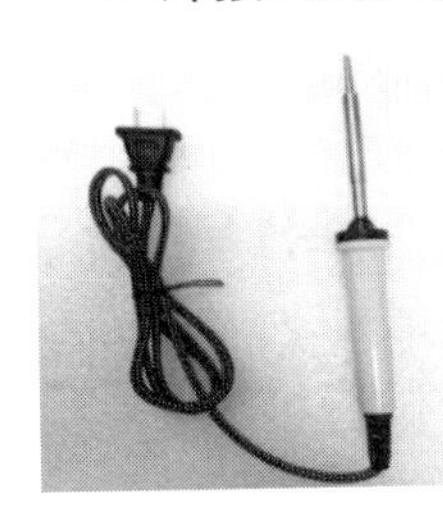
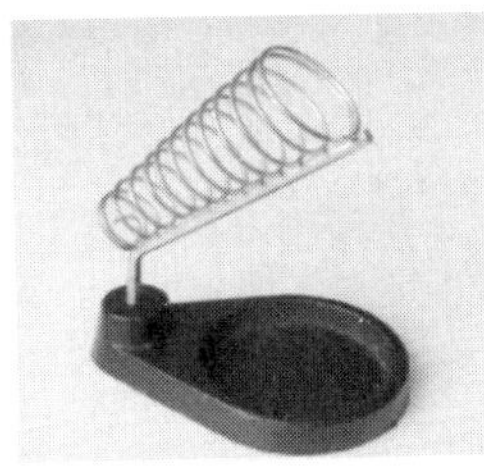

图 3-19 电烙铁、烙铁架、焊锡丝、松香

2. 焊接五步法

1) 准备施焊：焊接前，准备好焊锡丝和电烙铁。元件必须清洁，去除绝缘层、氧化物，并进行搪锡。烙铁头部要保持干净，无氧化物，可以沾上焊锡(俗称吃锡)。

2) 在刮净的引线上搪锡：将带锡的热烙铁头在松香里压在引线上，并转动引线可使引线均匀地搪上一层很薄的锡层。导线焊接前，应将绝缘外皮剥去，再经过上面两项处理，才能正式焊接。经过上述处理后元件容易焊牢，不容易出现虚焊现象。

3) 加热被焊件：右手持电烙铁，焊接前，电烙铁要充分预热。焊接时，应使电烙铁的温度高于焊锡的温度，但也不能太高，以烙铁头接触松香刚刚冒烟为好。烙铁头刃面上要吃锡，即带上一定量焊锡。

4) 撤离焊料：当焊丝熔化一定量后，立即向左上 45°方向移开焊丝。

5) 撤离烙铁：①形成的焊点圆润光滑，大小适中，电烙铁头以 45°方向撤离；②形成的焊点圆润光滑，焊料过少，电烙铁头以和焊接面垂直的方向撤离；③形成的焊点圆润光滑，焊料过多，电烙铁头以和焊接面平行的方向撤离。

3. 焊接五步法

1) 图 3-20 和图 3-21 展示了作业尺寸要求及实物图。

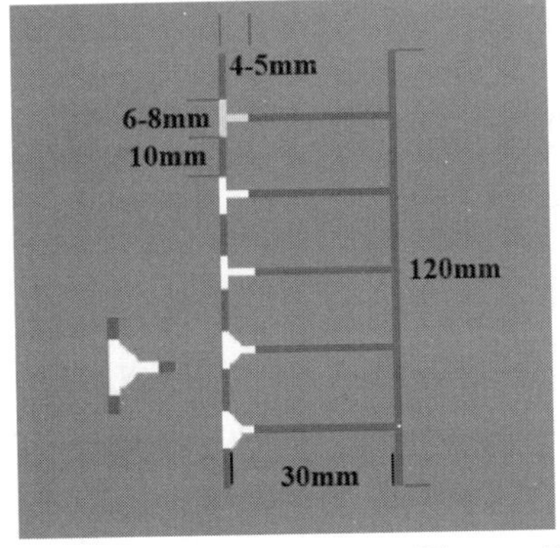

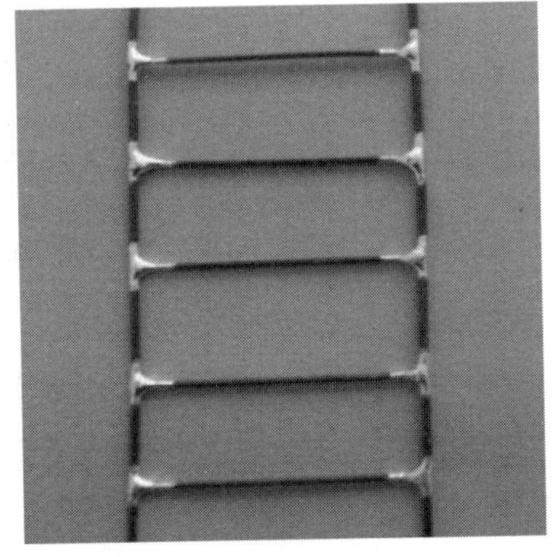

图 3-20 平面焊(楼梯)

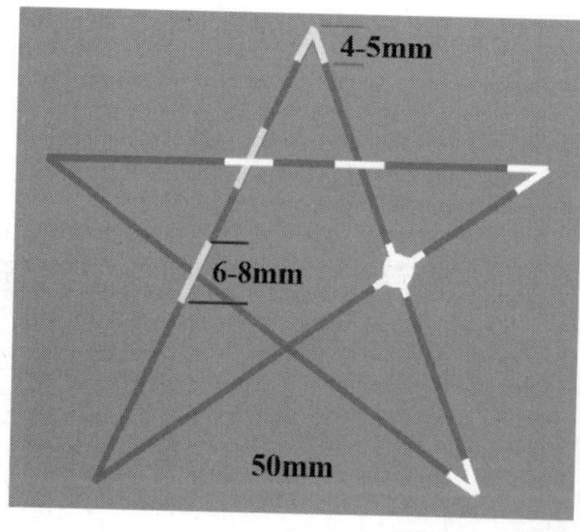

图 3-21　交叠焊(五角星)

2) 工艺流程要求

(1) 裁剪：准备一根约 70cm 的铜丝，并按作业尺寸要求裁剪。

(2) 刮漆：去掉氧化层或绝缘层(漆包线)，按焊接部位尺寸刮绝缘漆。

(3) 搪锡：将去掉绝缘层的部分浸没在熔融的松香中进行搪锡。

(4) 焊接：用电烙铁将已搪锡部位搭接成型，并加固焊点使焊接点有良好的机械强度，并保持焊点干净美观。

4. 焊接三步法

图 3-22 显示了焊接三步法步骤。

1) 准备施焊。

2) 加热被焊件并送入焊锡丝。

3) 移开焊锡丝和电烙铁。

图 3-22　焊接三步法步骤

5. 超外差式收音机原理

根据图 3-23 超外差式收音机电路方框图和各级信号波形图以及图 3-24 超外差式收音机电路原理图可知，超外差式收音机首先用接收天线将广播电台发出的高频调幅波，经过输入电路接收下来，通过变频级把外来的高频调幅波信号频率变换成一个介于低频与高频之间的固定频率(即 465kHz)，然后由中频放大级将变频后的中频信号进行放大，再经检波级检出音频信号。为了获得足够大的输出音量，需要经前置放大级和低频功率放大级以放大来推动扬声器。混频器输出的携音频包络的中频信号由中频放大电路进行一级、两级甚至三级中频放大，到达二极管检波器的中频信号振幅足够大。二极管将中频信号振幅的包络进行检波，这个包络就是我们需要的音频信号。音频信号最后交给低放级，放大到我们需要的电平强度，然后推动扬声器发出足够的音量。实物图见图 3-25。

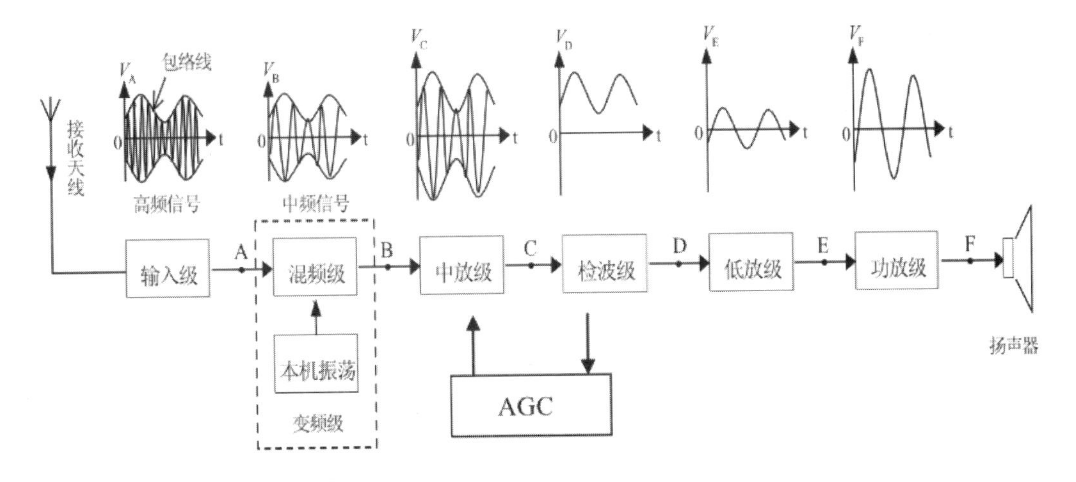

图 3-23　超外差式收音机电路方框图和各级信号波形图

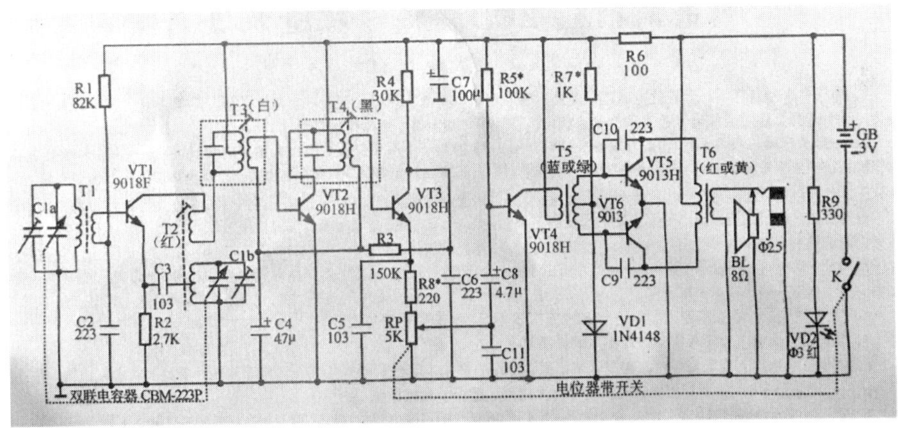

图 3-24　超外差式收音机电路原理图

图 3-25　超外差式收音机实物图

6. 超外差式收音机元件的识别

用数字式(指针式)万用表检测并记录收音机配套元器件的容量大小与好坏。准备好白纸和双面胶，按照电阻、电容、二极管、三极管的顺序固定在纸上，方便后期焊接使用。所有元器件识别检测如图 3-26 和图 3-27 所示。

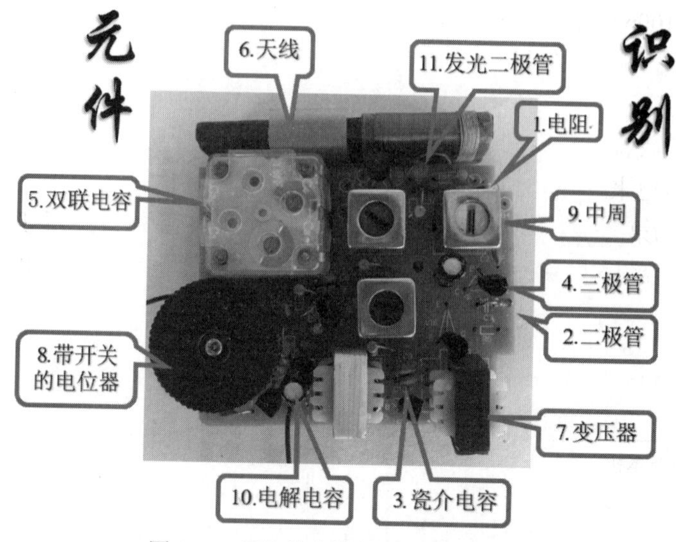

图 3-26　超外差式收音机元器件识别图

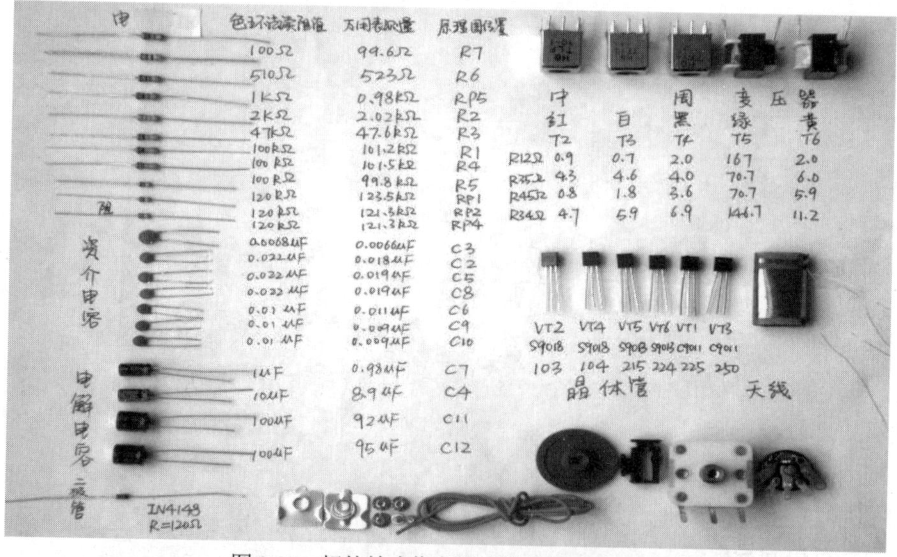

图 3-27　超外差式收音机元器件识别检测图

7. 超外差式收音机元件的检测

1) 电阻

首先采用色环读数法对电阻进行读数，然后用万用表欧姆挡对色环读数电阻阻值进行校对。

2) 电解电容

正负极判别：通过引脚长短来判别，引脚长的是正极，短的是负极，同时引脚上面标有“---”图示为负极。漏电性能好坏判别：用指针万用表选择 R×100 或 R×1k(根据具体情况选择)挡位，用红、黑两笔测量电解电容两引脚，指针偏转；交换两表笔，此时指针偏转角度大于上次角度，则判断电解电容是好的。

3) 瓷片电容

标称值判别：①直接标称法。如果数字是 0.001，那它代表的是 0.001uF，如果是 10n，那么就是 10nF，同样 100p 就是 100pF；②不标单位的直接表示法：用 1～3 位数字表示，容量单位为 pF。

4) 中周、变压器

中周是超外差式收音机的特有元件，六管机中使用中周为一套三只。通常，不同用途的中周依靠顶部磁帽的颜色来区分。T2 是中波本机振荡线圈，用红色标记。T3 为第一中周，用黄色或白色标记。T4 为第二中周，用黑色或绿色标记。超外差式收音机有两个变压器：输入变压器 T5(绿)和输出变压器 T6(红)。通过测量中周和变压器 5 个引脚间的电阻值和标称值进行对比来判断它们的好坏。

各引脚间标称阻值如表 3-4 所示(单位为 Ω，视各元件及用表不同略有差别)。

表 3-4 超外差式收音机中周变压器标称值

电阻值	中波本机振荡线圈 T2 红	第一中周 T3 白/黄	第二中周 T4 绿/黑	输入变压器 T5 绿	输出变压器 T6 红
R12	0.7	0.6	1.5	187	2.4
R35	4.3	5	4	80	6
R45	0.7	1.8	3	80	5
R34	5	6.8	7	160	11

5) 三极管

超外差式收音机有 6 个三极管，即 VT1～VT6。 VT1～VT4 采用 9018、9011NPN 等高频小功率管，β 值从小到大。VT5、VT6 采用 9013NPN 型三极管，β 值从小到大。三极管极性判别方法为：三极管引脚朝下，将数字面正对自己，从左至右，依次是 E、B、C 三极。

6) 磁性天线

六管机的磁性天线采用 4mm×9.5mm×66mm 的中波扁磁棒，初级用 φ0.12 的漆包线绕 105T，次级用同号线绕 10T。其阻值 R12 为 10Ω 左右，R34 为 1Ω 左右。测量时应刮去绝缘漆后挂锡，把周围松香去除后用万用表测量。

7) 二极管

二极管具有单向导电特性。超外差式收音机中的二极管 VD 采用 1N4148 型硅开关二极管，不能改用 2AP9 之类的锗管。用万用表的欧姆挡根据二极管的单向导电性能来判断好坏：如果正向电阻为 0，反向电阻为无穷大，则表示二极管工作正常。

8) 喇叭

用指针万用表 R×1 欧姆挡来测试喇叭的好坏，测得电阻约为 8Ω，然后将万用表的两个表笔触碰喇叭两端的连接点，发出滋滋响声，证明是喇叭可正常工作。

9) 开关电位器

超外差式收音机的开关电位器由 5 个引脚组成，两边引脚是开关引脚，中间三个引脚是电位器引脚。好坏判别：将开关电位器断开，用万用表欧姆挡测试开关两引脚，阻值应为无穷大；然后将开关电位器闭合，再次用万用表欧姆挡测试开关两引脚，阻值应为0，同时电位器引脚间的阻值会随着电位器旋钮的调节在一定的阻值范围内变化，这表明开关电位器工作正常。

8. 超外差式收音机的焊接工艺要求

1) 焊接前检查电烙铁的温度是否工作正常(正常温度约400°)。

2) 电路板元器件焊接顺序遵循由低到高，由小到大的原则进行焊接。焊接顺序如下：电阻-二极管-瓷介电容-中周-变压器-双联电容-三极管-电解电容-开关电位器-天线-电源线-喇叭。

3) 焊接元器件时，每安装一个就焊接一个，每焊接完一个元件就剪除这个元件多余的引脚(余留小于1mm)。

4) 焊接过程中，烙铁头不能氧化发黑，不能有不平整情况，焊接时烙铁头搪锡面朝上，同时接触元件引脚和焊盘，时间不能大于5s。

5) 对于焊点，要求有可靠的电气连接，足够的机械强度，光洁整齐的外观。焊点以焊接导线为中心，匀称、成裙形拉开。焊料的连接面呈半弓形凹面，焊料与焊件交界处平滑，接触角尽可能小。表面有光泽且平滑，无裂纹、针孔、夹渣。

9. 超外差式收音机的焊接调试与检修

收音机常见故障为无声、杂音大，收台少，耗电快等。常见的收音机检修方法有直观法、电流法、电压法、电阻在路测量法和小信号注入法。

3.5.6 实习设备简介

手工焊接实习操作台如图3-28所示，它由LED灯带、资料看板、第二层工具台、五孔插座、工作台面、多功能抽屉和加固横梁等构成。工作台中心配有信号灯、电流表、电压表、急停开关(遇紧急情况按下按钮，切断实训台总电源)等器件，使其具有过流、短路保护和分路控制指示的功能。

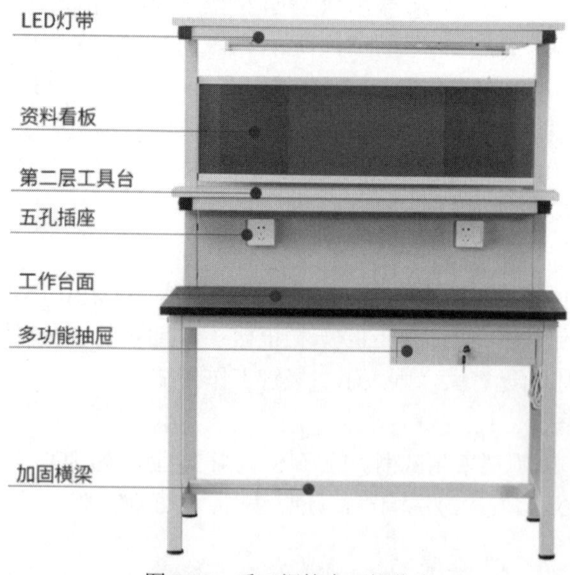

图3-28　手工焊接实习操作台

3.5.7　实习报告

1. 填空题(20 分，每小题 5 分)

1) 焊接通常分为______、熔焊和压焊三大类，在电子装配中主要使用的是______。

2) 电子元件的安装方式主要有立式安装、______、______。

3) 超外差收音机电路主要由输入回路、______、______、______、检波、AGC、低放和等组成。

4) 在收音机实践维修中，常用的检修方法有直观法、______、电流测量法、电阻测量法、______、信号注入法等。

2. 标称值读取(20 分，每小题 10 分)

1) 请用国际单位法标出下列电容器的容量：

p33　　　223

2) 读出下列四环或五环电阻的阻值及误差等级：

橙、紫、绿、蓝、银、棕、红、橙、黑、金

3. 判断题(30 分，每小题 3 分)

1) 电解电容的安装一定要区分正负极。　(　　)

2) 三极管的 e、b、c 三个引脚可以不插在对应的通孔中。　(　　)

3) 瓷介电容的安装方式是有数字的一面朝下或者朝右。　(　　)

4) 电阻的安装方式是色环起始位置朝上或者朝右。　(　　)

5) 测得天线 1 和 2 之间的电阻为无穷大时，会导致收音机不发声。　(　　)

6) 测量收音机总电流时，一定要把其开关旋转至导通状态。　(　　)

7) 收音机工作时，测得三极管 VT5 中发射极静态工作点电压基本为零。　(　　)

8) 仅用万用表欧姆挡检测二极管的单向导电性就能判断这只二极管是好的。　(　　)

9) 三极管有数字一面正对自己，引脚朝下，从左至右数第 3 管脚是集电极。　(　　)

10) 一般无线广播采用调制方式调幅和调频。　(　　)

4. 简答题(10 分)

焊接五步法的具体步骤有哪些？

5. 分析判断题(20 分)

有一台收音机经测试总电流在 50mA 以上，分析此故障可能发生的部位及检测方法。

评分：________ 指导老师：________ 时间：________

3.6　印制电路板的设计与制作

3.6.1　实习目的

1. 了解印制电路板的基本概念。

2. 掌握电路原理图和 PCB 图的设计要点，能熟练使用 Protel99se 设计出一般电路的原理图和 PCB 图。

3. 熟悉 PCB 板丝网漏印制作工艺，能根据给定 PCB 图纸，用所学工艺制作出相应的 PCB。

4. 熟悉电子产品的安装和焊接工艺，能完成一般电子产品的装配工作。

5. 具备团队协作能力，具备撰写实习报告能力和交流、表达、汇报能力。

3.6.2　安全注意事项

1. 实习所用计算机供学生进行 PCB 设计、PCB 图纸打印、资料查询等之用，不得用于 QQ 或微信聊天、打游戏等与实习无关的事情，不得擅自更改和删除计算机中的软件，严禁设置各种密码。

2. 进入实训室后，应保持实训室环境整洁，不得带任何食物入内，不得乱扔纸屑等杂物。

3. 制板仪器设备内所盛溶液大多为强酸或强碱溶液，实习时要戴专用手套操作，禁止直接用手触摸溶液。

4. 经使用后的丝网框要及时放入洗网机中清洗，若暴露在光线中超过两分钟，将清洗困难，丝网板即报废。

5. 实习过程中产生的废液要及时收集，交由学校统一处理，禁止将废液直接排放。

6. 每天实习结束后都要关闭设备，并切断相应电源。

3.6.3　实习内容与要求

调光台灯制作流程图如图 3-29 所示。

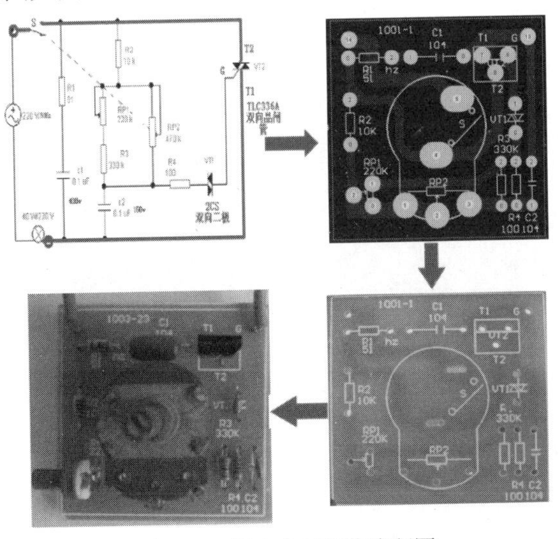

图 3-29　调光台灯制作流程图

1. 实习内容：

首先，根据实习给定的案例——调光台灯原理图和所需电子元器件实物，设计出相应的PCB图，并完成PCB图形及钻孔文件的导出；然后利用单面板丝网漏印制造工艺，制作PCB板；最后进行相应电子元器件的安装、焊接、调试，完成实习作品。

2. 实习要求：

1) 提前发布实习任务，要求学生做好实习前准备工作，如完成Protel99se、 Cam350软件的安装和调试工作。

2) 根据项目要求，两人一组，自由组好小型团队。

3) 每班可推荐3～5名动手能力强的学生代表充当助手，助手需要提前一周来实习室，在教师指导下提前进行实习操作并且考核优秀。

4) 实习教师要做好实习准备工作，如提前半小时预热相应制板设备。

5) 整个实习过程必须按照实习操作规程进行。

6) 不按正规操作流程随意操作仪器设备，造成仪器设备损坏的，除扣减实习分数外，还要按损坏程度进行相应的赔偿。

3.6.4 实习步骤

第一步，利用原理图和实物设计印制电路图，如图3-30所示。

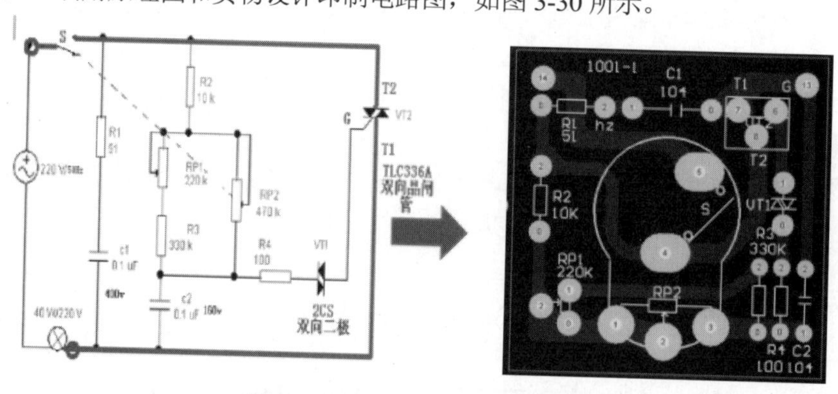

图3-30 调光台灯原理图和PCB图

具体做法是：用Protel99se绘制好原理图。根据实物形状、大小尺寸等完成元件库的制作。完成元件封装制作。导入元件封装库及网络表。完成PCB元件的布局。完成PCB布线。打印原理图和PCB图。

第二步，PCB图的Gerber文件及钻孔文件的导出。用Protel99se生成PCB图，然后输出Gerber文件。用Cam350导入Gerber文件。使用激光打印机打印输出(详见“GERBER打印方法.doc”文档)。

注意，以上两步可要求学生在实习前完成。

第三步，利用单面板丝网漏印制作工艺制作出PCB板。

1. 裁板及前期准备

板材准备又称下料，在PCB板制作前，应根据设计好的PCB图大小来确定所需PCB板基的尺寸规格，然后根据具体需要进行裁板。

2. 数控钻孔

1) 用 Protel99SE 或 ProtelDXP 将 pcb 文件导入(单击菜单“文件”|“打开”或 File | Import)，保存类型选择 Protel pcb2.8 ASCII File(*.pcb)格式。

2) 固定待钻覆铜板(用胶带粘住)。

3) 钻头高度设置：离 PCB 板 1～1.5mm。

4) 打开 Create-DCD 软件，将导出的*.pcb 文件打开，此时在屏幕上会显示所有需要钻的孔，选择板厚(按实际板厚设置，单面板一般设置 2.0，双面板一般设置 3.0)和串口(COM3)后，调整钻头高度和位置(手动定位在 pcb 里设置的原点，一般设置在板内右下角)。

5) 注意，在调整钻头高度及位置时，由于本数控钻没有限位装置，所以要防止超出极限值(上下调节不超过 20mm)。

3. 抛光

去除覆铜板金属表面氧化物保护膜及油污，进行表面抛光处理。

4. 印刷感光线路油墨

在线路板制作过程中，用感光线路油墨(蓝色)在覆铜板上曝光显影后形成线路图形，以用于蚀刻并保护所需的电路图，选择较密的 90T 丝网。

1) 丝印机台面粘好“L 型定位框”，将电路板置于定位框上，反面(即印制面)朝上。

2) 网框前部距台面略大于 10mm 且丝网离线路板有 5mm 距离(用手按网框，感觉有向上的弹性即可)，从而固定网框。

3) 在刷线路油墨时，先在丝网上预涂蓝色线路油墨(在印制板外侧边缘处)，从油墨外侧以 70°倾角轻轻用力，在丝网上进行第一次快速推印(注意丝网不能接触印制板)，目的是让油墨均匀覆盖在丝网上；然后从外以 45°倾斜角用较大的力，进行第二次快速推印(注意用力要大，丝网要接触到印制板，目的是让油墨均匀覆盖在线路板上)，在线路板上形成均匀涂层即可(整个过程少于两分钟)。

4) 取下电路板，将其放入烘干箱中固化(75°C条件下烘干 20 分钟)。

5) 回收油墨，然后打开曝光机为曝光做准备。

5. 线路曝光

采用 UV 固化，曝光的油墨被固化，无法被显影液冲刷掉，没有被曝光的油墨被显影液冲刷下来。

1) 选择菲林底片，使用定位孔与待曝光板，一面对好通孔(底片的放置以图形面紧贴线路板为最佳)。若定位孔有偏差无法对准，应以图形部分孔对准，并用透明胶固定。

2) 将线路板放入曝光机中(需要曝光的一面朝下)，关紧机盖，设置曝光时间为 20s(仅当“使能灯”高亮时，方可执行下一步操作)。

3) 关闭“进气”开关，打开“抽真空”开关，运行 30s。

4) 抽成真空后，按下“启动”按钮，观察电流表指针，当电流小于 20A 时，按下“曝光”按钮。

5) 曝光完毕后关闭曝光机。

6. 线路显影

将曝光后的线路板置于自动显影机中显影。将电路板放置于传送带上，设置显影机时间为20～40 秒(主要是看丝印油墨的均匀程度和丝印厚度)，若一次显影不行可重来。

7. 腐蚀

腐蚀采用化学方法将覆铜板上不需要的铜箔除去，使之形成需要的电路图形。

1) 温度设置为 40～50℃，腐蚀时间为 60 秒。

2) 把显影后的线路板放入腐蚀入口，如一次未能腐蚀干净，可再次执行上述操作。

8. 去膜

印刷感光阻焊油墨前，需要把电路板上所有的膜清洗掉，漏出线路铜层。

温度设置为 30～40℃，时间为 5 分钟；去膜后要用清水清洗干净。

9. 印刷感光阻焊油墨

阻焊油墨主要用于各焊盘之间形成阻焊层，使线路板焊接时，不容易产生短路，丝网选择90T 或者 100T。

1) 选择感光阻焊油墨(由感光阻焊油墨与固化剂按 3:1 的比例配成的绿色流质物)。

2) 先在丝网上预涂一层油墨(在印制板外侧边缘处)，从油墨外侧以 70 度倾角轻轻用力，在丝网上进行第一次快速推印(注意丝网不能接触印制板)，目的是让油墨均匀覆盖在丝网上；然后从外用力，以 45°倾斜角进行第二次快速推印(注意用力要大，丝网要接触到印制板，目的是让油墨均匀覆盖在线路板上)，待线路板上侧形成均匀涂层即可(整个过程少于两分钟)。

3) 经使用后的网框要及时放入洗网机中清洗，若两分钟以上暴露在光线中，将清洗困难，丝网板报废。

4) 回收油墨。

10. 印刷感光字符油墨

感光字符油墨主要用于标记线路板各器件位置及对应型号，方便位置识别与焊接，丝网选择 120T 或 100T。

1) 选择感光字符油墨(由感光字符油墨与固化剂按 3:1 的比例配成的白色流质物)。

2) 操作步骤与印刷感光阻焊油墨相同。

11. 油墨固化

为使印刷后的油墨具有较强的粘附性，感光线路油墨、感光阻焊油墨、感光字符油墨均需要通过专用的线路板烘干机进行热固化，具体固化温度及时间如下。

1) 感光线路油墨：温度为 75℃，时间为 10～15 分钟。

2) 感光阻焊油墨：曝光显影前温度为 75℃，时间为 10～15 分钟；曝光显影后温度为 75℃，时间为 5 分钟。

3) 感光字符油墨：曝光显影前温度为 75℃，时间为 10～15 分钟；曝光显影后温度为 150℃，时间为 30 分钟(热固化过程)。

12. 阻焊、字符曝光

1) 选择菲林底片，通过定位孔与待曝光板一面对好孔，此次可同时将阻焊底片和字符负片对好，并用透明胶固定，如图 3-31 所示。

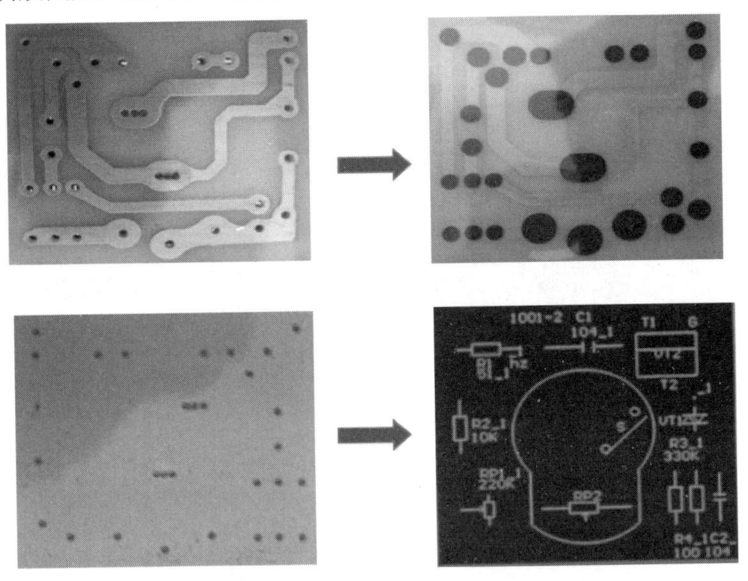

图 3-31　调光台灯 PCB 板阻焊、字符曝光流程图

2) 阻焊、字符曝光步骤与线路曝光步骤相同。

13. 阻焊、字符显影

阻焊、字符显影步骤与线路显影步骤相同。

14. 阻焊、字符固化

将显影完后的 PCB 板放入烘干箱中烘干固化(温度为 150℃，时间为 35 分钟)。

15. 修边

完成以上步骤后还需要对板子进行修正，用裁板机把板子裁成需要的大小，然后用砂纸等工具将板子边缘打磨抛光。

在 PCB 板上进行电子元器件的安装、焊接、调试，完成实习作品。

1) 调光台灯元器件的安装。

2) 调光台灯元器件的焊接。

3) 调光台灯成品的调试检修。

(1) 打开开关，调节电位器 RP 的阻值，RP 值先由大调到小，灯泡应由暗变亮；RP 值由小调到大，灯泡应由亮变暗，最后开关还要能切断电源。

(2) 若灯泡不亮，无法调光，可检测双向二极管 VT1 是否损坏，C2 是否击穿或漏电，元器件是否装错位置，焊接是否脱焊、虚焊等。

(3) 若灯泡亮度不明显，可调节 RP1，检查元器件是否装错位置。

3.6.5 实习设备简介

PCB 板制作实训项目采用小型工业化丝网漏印制造工艺，整套工艺流程所用设备由湖南长沙科瑞特有限公司提供，设备简介如下。

1. 激光打印机：主要完成单面板或精度较低菲林的打印输出。见图 3-32。

图 3-32　HP5200L 激光打印机

2. 手动裁板机：根据具体需要进行裁板。见图 3-33。

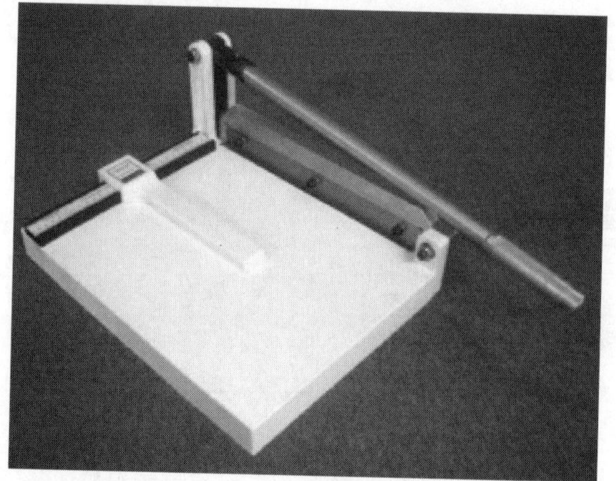

图 3-33　Create-MCM2000 手动裁板机

3. 数控钻铣机：完成钻孔与铣边。见图 3-34。

图 3-34　Create 全自动数控钻铣机

4. 抛光机：进行表面抛光。见图 3-35。

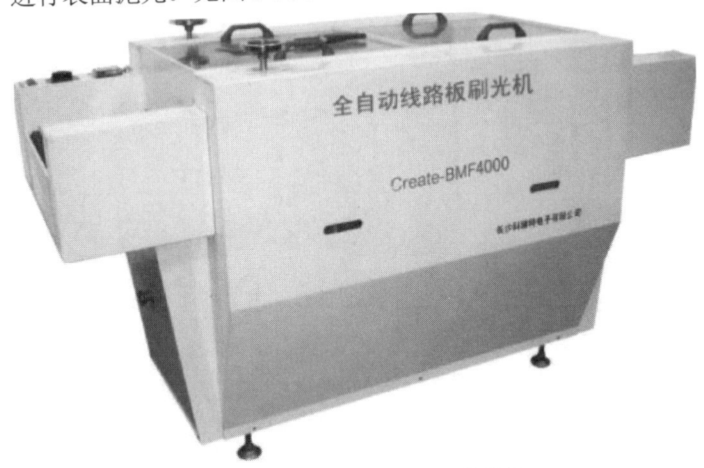

图 3-35　Create-BMF4000 抛光机

5. 线路板丝印机：进行感光线路油墨、感光阻焊油墨、感光字符油墨的印刷。见图 3-36。

图 3-36　线路板丝印机

6. 自动洗网机：主要用于丝网在油墨印刷后，采用弱碱性溶液进行高压喷淋清洗。见图 3-37。

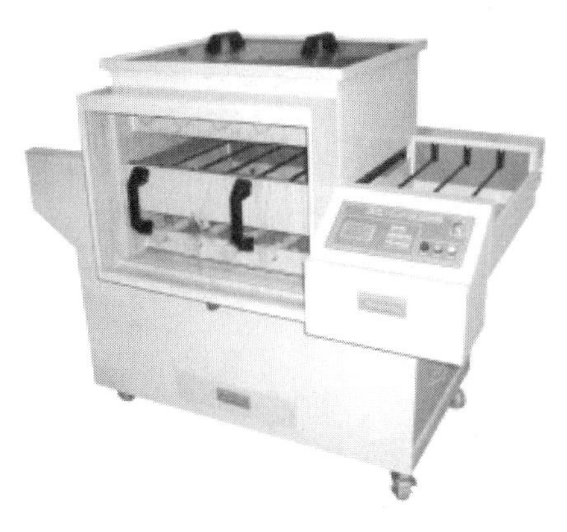

图 3-37　自动洗网机

7. 烘干机：对所刷油墨进行固化烘干。见图 3-38。

图 3-38　烘干机

8. 曝光机：完成线路图形、阻焊图形及丝网漏印图形的曝光。见图 3-39。

图 3-39　曝光机

9. 全自动显影机：完成曝光图形的自动喷淋显影。见图 3-40。

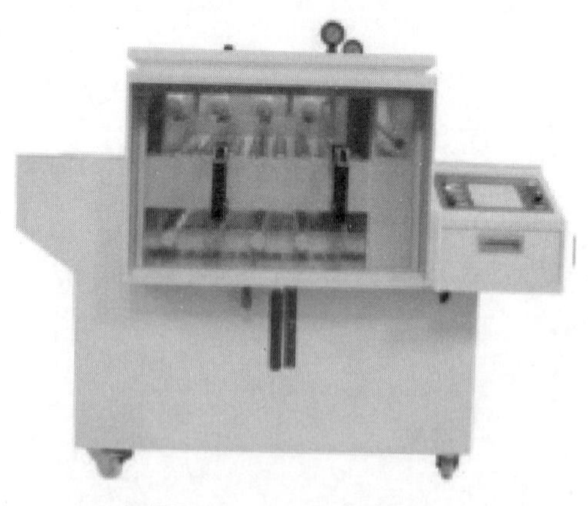

图 3-40　全自动显影机

10. 全自动腐蚀机：采用化学方法将覆铜板上不需要的铜箔除去，使之形成所需要的电路图形。见图3-41。

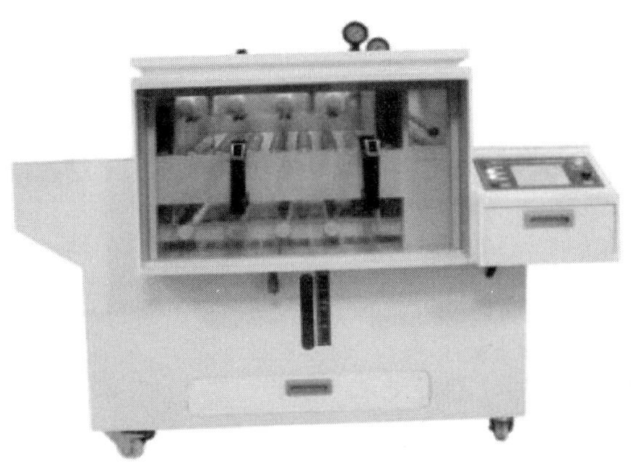

图3-41 全自动腐蚀机

11. 脱膜机：把电路板上所有的膜清洗掉，漏出线路铜层。见图3-42。

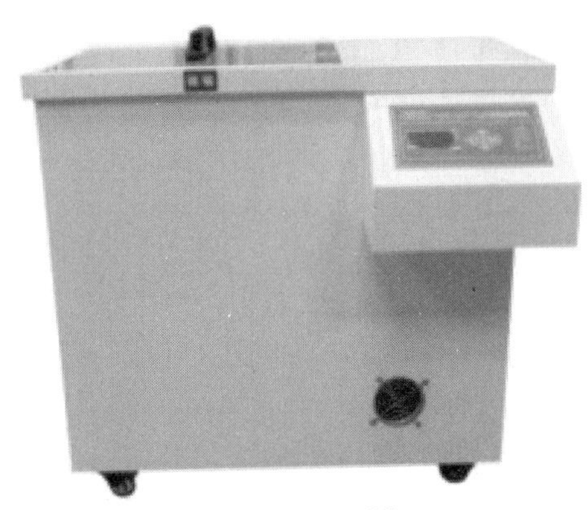

图3-42 脱膜机

3.6.6 实习报告

根据实习内容和实习过程，书写实习报告，内容包括 PCB 板设计，PCB 制作工艺流程；并与其他制板工艺方法进行比较，分析其工艺特点。

1. 图形设计(50 分)

打印出自行设计的调光台灯印制电路顶层和底层及机械加工这三层的重叠效果图，要求尺寸为 50mm×50mm。(50 分)

评分标准：

1) 电路连接正确，基本满足设计要求得 30 分。

2) 焊盘三种规格，少一种扣 5 分。

3) 印制导线，两种规格，少一种扣 5 分。

4) 遵照元件排列原则和布线原则，每有一项不符合要求扣 5 分。

2. 简答题(20 分，每小题 10 分)

1) 用 protel 软件设计调光台灯印制电路板时，元件排列应注意些什么？

2) 请根据调光台灯 PCB 板制作过程，写出 PCB 板丝网漏印制作工艺流程(画出流程简图)。

3. 实习体会(30 分)

请谈谈本次项目的实习体会，包括实习过程中遇到的困难和成功经验等(字数不少于 200 字)。

评分：________________　指导老师：________________　时间：________________

第4章

综合与创新训练项目

4.1 智能家居系统控制与体验

4.1.1 实习目的

智能家居系统是将多种先进技术融合于一体的复杂系统，通过主控系统将各个子系统(如智能影音控制、智能照明控制、智能安防监控、智能家电控制、智能情景控制等)有机结合在一起，形成网络化综合智能控制和管理，实现“以人为本”的全新家居生活体验。通过本次实习，让学生了解智能家居系统的结构特点、性能参数和功能，熟练使用移动交互智能终端来搭建、配置、安装和调试智能家居系统，实现各类电器设备的智能控制。

4.1.2 安全注意事项

1. 智能家居主控系统用于各类电器设备的智能控制，严禁任意修改、删除相关系统软件。
2. 保持实习室环境整洁，严禁带任何危险物品或食物饮料入内，不得乱扔纸屑等杂物。
3. 安装、调试和操作电器设备时，要谨防触电，确保用电安全，不得损坏实习设备。
4. 实习室大门为自动门，进出注意安全，谨防被夹伤。
5. 实习结束后，要先关闭控制系统，再断开电源。
6. 离开实习室时，要检查所有设备是否断电，门窗是否关好。

4.1.3 实习要求

1. 采取分组进行项目训练，根据所选子系统的复杂程度进行分组，每组3～6人。
2. 实习前要求学生预习实习指导书，教师做好实习准备，确保所有控制系统及设备能正常工作。
3. 整个实习过程必须按照实习操作规程进行，未经教师许可，不得擅自操作设备。

4.1.4 实习内容

实习内容主要包含：智能家居控制系统和各类传感器工作原理。智能家居控制系统由智能影音控制、智能照明控制、智能安防监控、智能环境监控、智能家电控制、智能情景控制组成。传感器包括烟雾传感器、温湿度传感器、微波感应器、智能门窗传感器。

1. 智能家居控制系统

1) 智能影音控制。通过智能主机，配合背景音乐、投影机、投影幕布、音视频矩阵等设备，根据设定，定时自动播放音乐，或与其他设备联动，在情境下启动。

2) 智能照明控制。通过智能主机控制，配合智能开关、智能情景开关，可通过语音、声响、人体感应或手机远程或者定时开关照明灯具，进行灯光亮度强弱调节，并与其他电器设备组合联动。

3) 智能安防监控。通过智能主机控制，配合门锁门磁、人体探测器、烟雾报警器、燃气报警器、水位报警器、摄像头(视频监控系统远程监控)可实时监控居家安全，检测是否有人闯入、是否有烟雾火情、是否有燃气泄漏，是否有水溢出。在检测到的第一时间，向主人发出警报，并采取相应的防范措施，保障家庭的人身财产安全。

4) 智能环境监控。通过智能主机，配合空气检测仪、风雨感应器、中央空调控制器、新风系统控制器等设备，实时监控家居环境数据，自动开关空调、新风系统等，并联动推窗器等设备，根据环境监测情况，自动开关窗户。

5) 智能家电控制。通过智能主机控制，配合智能插座、红外转发器，可通过手机远程控制或者定时开关室内电器设备(电视机、冰箱、空调等)，并与其他电器设备组合联动。

6) 智能情景控制。可根据个人需求，定制各种生活情景(离家模式、回家模式、用餐模式、起床模式等)，并通过智能主机在设定情境下关联任意设备，一键控制所有联动电器设备。

2. 传感器工作原理

1) 烟雾传感器。烟雾传感器是一种光电式烟雾传感器，使用光电技术检测空气中的烟雾颗粒。传感器内会有发光器件和感光器件，感光器件会接收到发光器件的一定光亮，当有烟雾时，光线会受到烟雾颗粒的阻挡，使感光器件接收的光亮减少，此时传感器会触发。功能包括联动控制窗户开合、联动报警、消防喷淋、联动控制燃气阀关闭、联动控制自动排风开启。

2) 温湿度传感器。温湿度传感器是一种感应环境温度和湿度变化的传感器，它可以把温湿度变化以数字化形式回传给系统。温度测量是利用热敏电阻随温度变化而导致大的阻值改变的特点，在湿敏电阻的基片上遮盖一层用感湿材料做成的膜；当空气中的水蒸气吸附在感湿膜上时，元器件的电阻值产生变化，利用这一特性即可测量湿度。功能包括联动空调的开启、模式选择、温度调整、联动控制加湿器的开关、联动控制自动浇花和灌溉。

3) 微波感应器。微波感应器通常也称为微波雷达，是利用电磁波作用形成的一种设备。当微波天线发出相应的微波遇到障碍物后，波的一小部分就会被反射回来，通过接收天线接收。反射回去的微波会被转换成电信号，经测量电路处理，实现微波检测。如果障碍物是静止的，那么反射回来的波长是一定的；当障碍物是运动的，则发射回来的波长会随着障碍物与波源变近而变短。微波感应器根据反射波的变化来判断是否有运动物体出现，从而控制灯光开关。

4) 智能门窗传感器。智能门窗传感器用来检测门、窗、抽屉等是否被打开移动等。它由无线发射器和磁块两部分组成，通过应用 Z-Wave 技术把开合信号通过 Z-Wave 控制器传给系统做出联动动作。功能包括联动报警器实现报警提醒、联动窗户和空调的开启或关闭、联动摄像机录像。

4.1.5　实习步骤

进行安全教育，熟悉实习室安全操作规程及注意事项，确保用电安全；了解智能家居系统的结构特点、性能参数以及功能；熟悉智能家居系统各控制模块以及传感器工作原理。实习主要步骤如下。

1. 学生自主分组组队，选择各控制子系统模块，并进行分工。
2. 对选择的子系统进行设计、搭建、配置、安装和调试。
3. 对各子系统进行联调，实现智能情景控制。
4. 实习结束，关闭所有系统及设备，切断电源。

4.1.6　实习设备简介

智能家居系统 RoomCenter 以 LivingCenter 主机为中央处理器，通过 Z-Wave Controller 与 IR Ball 实现宅内智能化控制，并兼容 RF 射频、2.4G、WiFi、DLNA、蓝牙等技术，实现灯光、窗帘、安防等十六大子功能系统。RoomCenter 小管家本地控制不需要网络，支持 WiFi 连接，实现远程控制。

LivingCenter 主机如图 4-1 所示，采用 Windows IoT 系统作为主机运行环境，数据处理能力更强，反应速度快，安全性好；操作界面支持二次开发与定义，符合不同人群生活习惯，界面可按使用者、功能、情景模式、房间等任意定义；支持 USB、HDMI 输出、DLNA/UPnP。

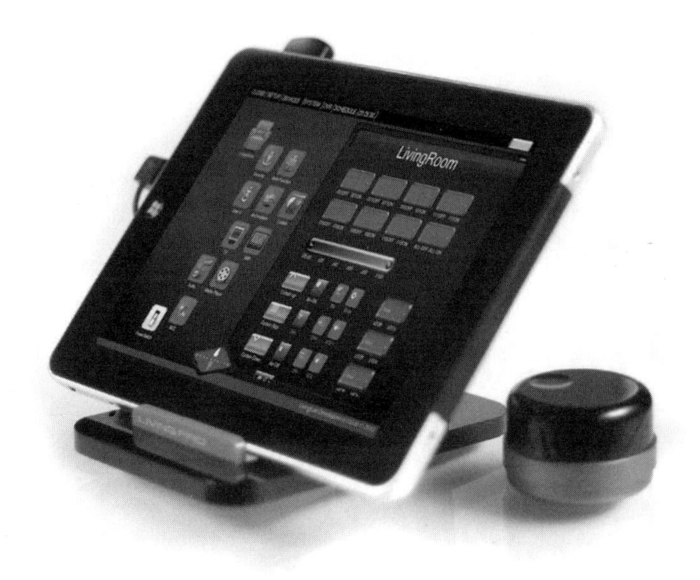

图 4-1　LivingCenter 主机

4.1.7 实习报告

1. 填空题(30 分，每空 3 分)

1) 目前主流的智能家居系统通信方式有______、______、______和以太网。

2) 智能家居系统设计应遵循的四大原则是实用便利、______、______、______。

3) 智能家居系统常用的总线技术有 KNX/EIB 总线、AP-BUS 总线、CAN-BUS 总线和______。

4) 智能家居控制系统由六部分组成，它们分别是智能影音控制、______、______、______、智能家电控制和智能情景控制。

2. 简述题(30 分，每小题 15 分)

1) 智能家居控制系统有哪些特点？

2) 基于无线通信的智能家居系统有哪几类，各有哪些优缺点？

3. 问答题(40 分)

谈谈你对智能家居的认识。如果你的房间需要安装智能家居，你希望拥有哪些智能体验？

评分：________　指导老师：________　时间：________

4.2 循迹避障小车制作与调试

4.2.1 实习目的

循迹避障小车实习项目以电子产品装配工艺为主，以传感器检测技术和单片机程序设计为辅，为学生提供一个电子产品制作、调试以及程序设计等的全方位实践教学平台，对提高学生自学能力、分析能力、解决问题的能力、创新能力以及团队协作能力具有重要作用。通过该项目的学习，学生能达到以下培养要求。

1. 掌握焊接工具的选用、使用与维修方法。
2. 掌握常用电子元器件的识别与检测方法和电子手册查阅方法。
3. 熟悉单片机C语言编程和传感器检测技术。
4. 独立完成循迹避障小车的组装、焊接、调试，熟悉常见电子电路故障排除方法。
5. 具有一定的组织管理能力、表达能力、人际交往能力以及团队协作能力。

4.2.2 安全注意事项

1. 实习室内应保持环境整洁，不得带食物入内，不得乱扔纸屑等杂物，不得在实习室内追逐、打闹、喧哗。

2. 实习室内的任何电气设备未经验明无电时，一律视为有电，不准用手触摸。

3. 严格按规定穿着工作服和使用防护用品。长发学生不得散落头发，必须将头发扎起或盘起；不得穿背心、拖鞋和短裤等进入实习室。

4. 实习前应检测设备的安全性以及是否良好；通电检测过程中，不得触碰任何带电端子或裸露金属触点。

5. 电子产品焊接过程中，严格遵守电烙铁使用注意事项，焊接过程严防烫伤，严禁乱甩熔化的焊锡或松香，长时间不使用电烙铁需要切断其电源，防止“老化”。

6. 离开实习操作台时，确保切断设备使用的电源。

4.2.3 实习要求

1. 以学生自主操作为主，强调“做中学”，学生一人一工位。

2. 实习前要求学生预习实习指导书；教师准备好实习材料和设备(如电烙铁、万用表、循迹避障小车材料、电子工具等)。

3. 整个实习过程必须按实习操作规程进行，未经教师许可，不得擅自合闸送电或触碰带电设备。

4.2.4 实习内容

实习内容包括安全教育、焊接工艺、循迹避障小车制作、电路检修方法和项目报告。

1. 安全教育

掌握安全用电常识、常见触电事故类型、触电急救措施和急救方法。

2. 焊接工艺

掌握焊接工具的使用与维修方法、合格焊点基本要求以及手工焊接五步法。

3. 循迹避障小车

1) 循迹避障小车原理

该循迹避障小车使用红外线收发二极管作为传感器，装在前方的两组红外线收发二极管探测前方是否有障碍物，装在下面的两组红外线收发二极管作为循迹使用(4 个蓝白可调电阻可调节 4 组红外线收发二极管的灵敏度)。LM339 将四个红外线接收二极管的输出信号放大后传送给单片机 STC15W201S 进行处理。单片机根据这四组信号做出判断，然后控制两个直流电机的运行和停止，使小车进行循迹或避障操作。循迹避障小车电路图如 4-2 所示。

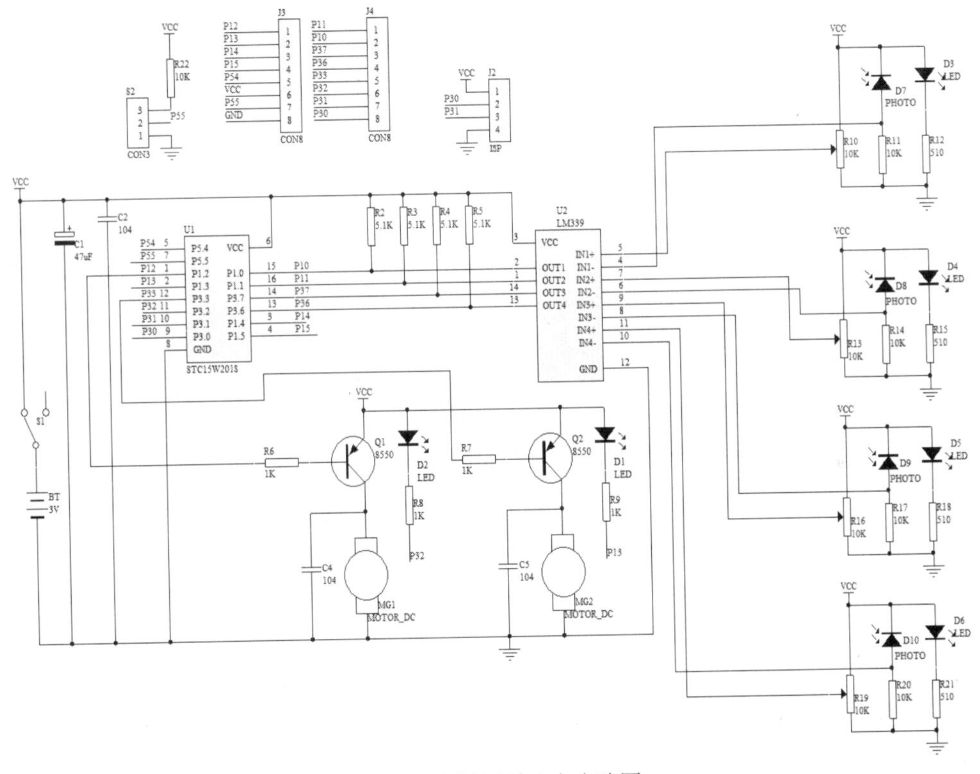

图 4-2　循迹避障小车电路图

2) 循迹避障小车元件检测与识别

(1) 电阻

电阻 21 个(R1-R21)：其中固定电阻 17 个，可调电阻 4 个(R10、R13、R16、R19)。根据色环读数法对电阻进行读数，然后用万用表欧姆挡测量阻值。

(2) 电容

电解电容 1 个：47μF(C1)，注意区分引脚正负极。瓷片电容 3 个，即 104(C2、C4、C5)，用万用表电容挡测量其容量并判断好坏。

(3) 三极管

三极管 2 个：8550(Q1、Q2)，区分 e、b、c 三极，用万用表 HFE 测量其放大系数。

(4) 二极管

二极管 10 个：发光二极管 2 个(D1、D2)，红外发光二极管 4 个(D3-D6)，红外接收二极管 4 个(D7-D10)。注意区分引脚阴极和阳极，用万用表二极管挡测量其电压降。

(5) 单片机

STC15W201S 是一种 C51 单片机，如图 4-3 所示。它的下载程序便于使用，工作电压范围宽。STC15W201S 是 STC 生产的单时钟/机器周期(1T)的单片机，是宽电压/高速/高可靠/低功耗/超强抗干扰的新一代 8051 单片机。

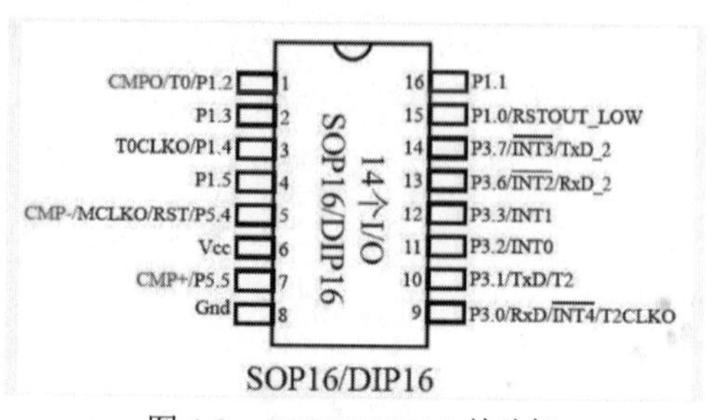

图 4-3　STC15W201S 单片机

(6) 电压比较器

LM339 电压比较器内部装有四个独立的电压比较器(见图 4-4)，该电压比较器的特点是：①失调电压小；②电源电压范围宽；③对比较信号源的内阻限制较宽；④共模范围很大；⑤差动输入电压范围较大，大到可以等于电源电压；⑥输出端电位可灵活方便地选用。

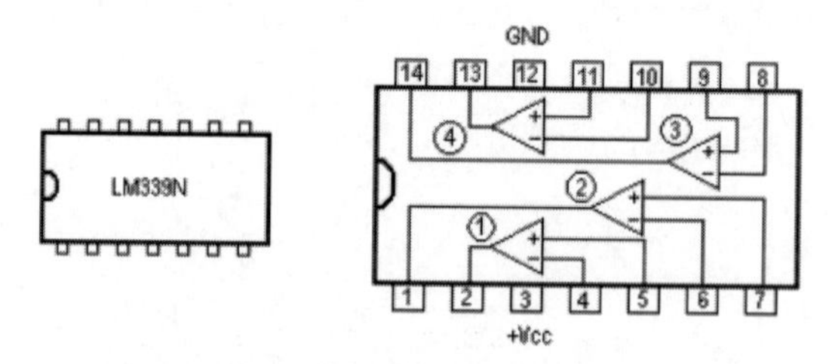

图 4-4　LM339 电压比较器

LM339 类似于增益不可调的运算放大器。每个比较器有两个输入端和一个输出端。两个输入端的一个称为同相输入端，用“+”表示，另一个称为反相输入端，用“-”表示。用于比较两个电压时，任意一个输入端加一个固定电压作为参考电压(也称为门限电平，它可选择 LM339 输入共模范围的任何一点)，另一端加一个待比较的信号电压。当“+”端电压高于“-”端时，输出管截止，相当于输出端开路。当“-”端电压高于“+”端时，输出管饱和，相当于输出端接低电位。两个输入端电压差别大于 10mV 就能确保输出能从一种状态可靠地转换到另一种状态，因此，将 LM339 用于弱信号检测等场合是比较理想的。

3) 循迹避障小车安装焊接

按电路图和电路板上的标识依次将色环电阻、瓷片电容、发光二极管、集成电路插座、排针、电位器、开关、三极管、电解电容焊接在电路板上，注意 IC、发光二极管的方向。所有元件焊接完成后检查电路板，以免有虚焊、漏焊或短路的情况。循迹用的两组二极管安装在二极管的下方，距离万向轮顶端 5mm 左右。直流电机的接线有正反，如果在通电后发现电机反向运转了，只需要将电机的两根线调换后重新焊接即可。图 4-5 显示了安装过程。

图 4-5 循迹避障小车安装

4) 循迹避障小车调试

所有安装工作完成后，将电源开关 S1 拨到 OFF 位置，S2 拨到循迹位置，放入两节电池，再将 S1 拨到 ON 位置。这时需要先调节循迹红外接收二极管的灵敏度。以 D3、D7 这一组二极管为例，先将 D3、D7 对准黑色的轨道线，调节可调电阻 R10，使右边的电机处于刚好停止的状态，然后将 D3、D7 对准纸张的白色区域，只要对准白色区域，右边的电机马上就开始运转，这时这一组二极管的灵敏度就调节好了，另一组红外线收发二极管 D4、D9 的调节方法相同。把小车放到轨道上，就可以循迹。把开关 S2 拨到避障位置，调节前方两组避障二极管的灵敏度，将 D6、D10 对准一个物体，调节可调电阻 R19，直到刚好有一边的电机停转，然后将 D6、D10 对准空旷的地方，这时停止的这一边电机恢复运转，这组二极管就调节完毕了。由于采用的是红外线避障，如果障碍物是黑色或表面为镜面，都会影响红外线的反射，导致检测不到障碍物，无法做出避障动作。

4. 电路检修方法

常见的电路检修方法有直观法、电流测量法、电压测量法和电阻测量法。

图 4-6 和图 4-7 分别显示了循迹功能调试图和避障功能调试图。

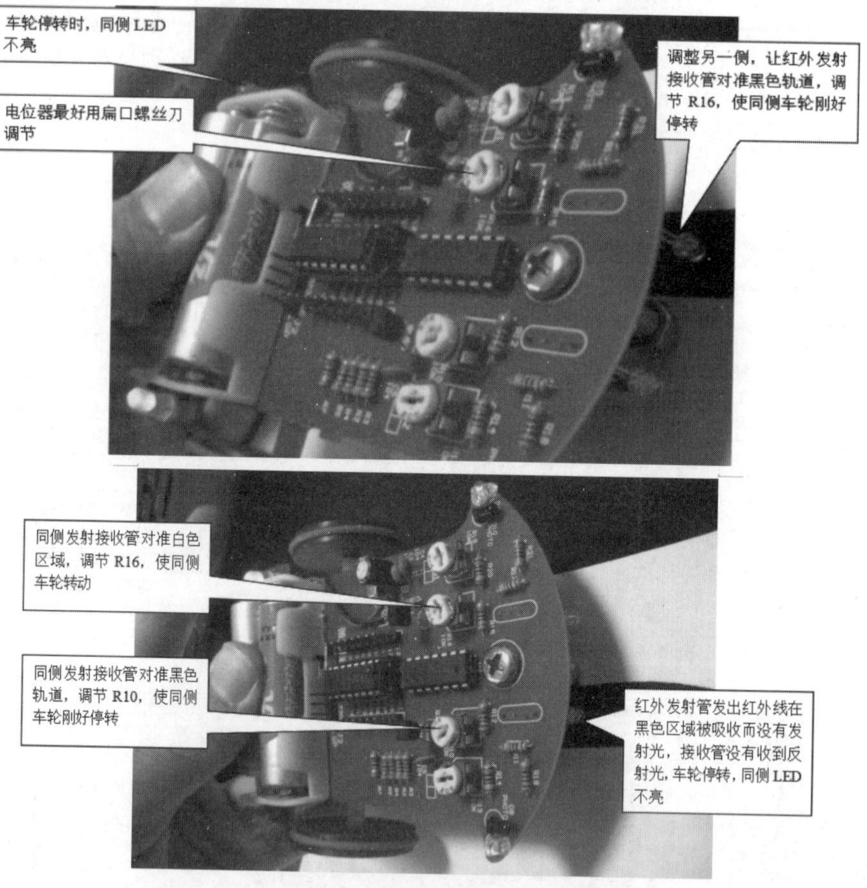

图 4-6　循迹功能调试图

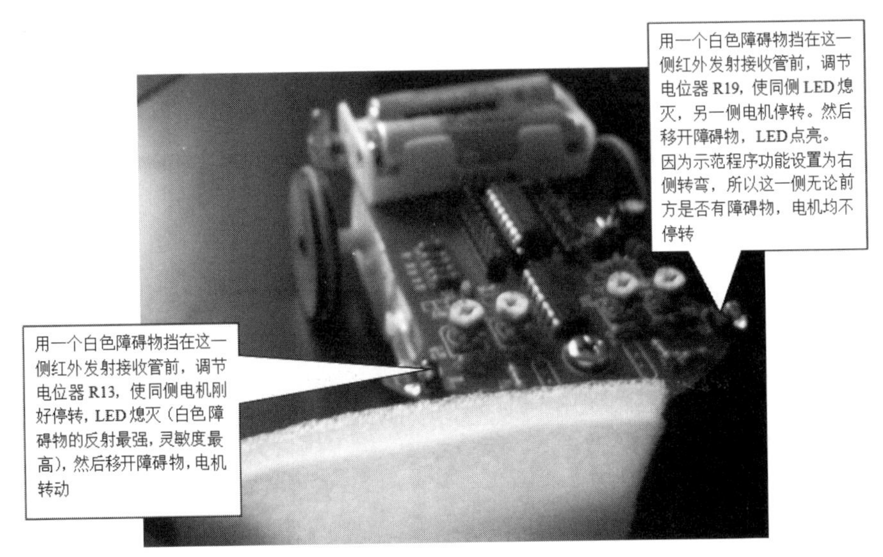

图4-7 避障功能调试图

4.2.5 实习步骤

掌握焊接工具的选用、使用与维修方法，了解常用电子元器件的识别与检测方法，熟悉单片机C语言编程和传感器检测技术；准备好实习用的工具、材料、设备和电子元件等，做好安全用电防护措施。实习主要步骤如下。

1. 完成焊接作品练习，掌握手工焊接五步法。
2. 了解循迹避障小车原理，完成电子元件的检测与识别。
3. 了解循迹避障小车的安装、焊接以及调试。
4. 了解循迹避障小车的排故检修。

4.2.6 实习设备简介

电子实习装置台如图4-8所示，是供学生电子实习的操作工位，由日光灯、示波器、万用表、插座、直流电源以及抽屉等组成，其中直流电源能为电子产品提供0～36V的直流电压。

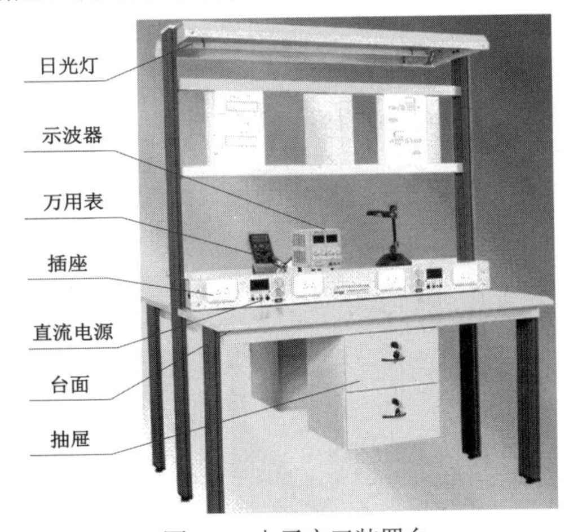

图4-8 电子实习装置台

4.2.7 实习报告

1. 简述题(60 分)

1) 请分别写出电阻器和电容器在电路中的作用。(20 分)

2) 单独测量高阻值电阻时应注意哪些事项？(20 分)

3) 手工焊接时加热时间过长对电器产品质量有哪些影响？(20 分)

2. 分析题(40 分)

如何用三用表测量小功率 NPN 型三极管的好坏？如何估算 NPN 型三极管的电流放大系数(β 值)？并绘制简图说明其原理。

评分：________________　指导老师：________________　时间：________________

4.3 智能分类垃圾桶设计

4.3.1 实习目的

智能分类垃圾桶设计项目是一个综合性项目，全方位应用视觉系统、步进系统、单片机控制系统、传感器系统、程序设计等，以C语言程序设计为主，外加图像采集和处理，采集垃圾图像最形象的特征，然后根据特征分类。通过该项目的学习，学生能达到以下培养要求：

1. 掌握智能分类垃圾桶机械机构的设计与安装。
2. 了解传感器工作原理以及性能。
3. 熟悉单片机C语言编程。
4. 熟悉视觉图像算法及编程。

4.3.2 安全注意事项

1. 实习室内应保持环境整洁，不得带食物入内，不得乱扔纸屑等杂物，不得在实习室内追逐、打闹、喧哗。

2. 实习室内的任何电气设备未经验明无电时，一律视为有电，不准用手触摸。

3. 严格按规定穿着工作服和使用防护用品。长发学生不得散落头发，必须将头发扎起或盘起；不得穿背心、拖鞋、短裤等进入实习室。

4. 实习前应检测设备的安全性以及是否良好；通电检测过程中，不得触碰任何带电端子或裸露金属触点。

5. 电子产品焊接过程中，严格遵守电烙铁使用注意事项，焊接过程严防烫伤，严禁乱甩熔化的焊锡或松香，长时间不使用电烙铁时需要切断电源，防止“老化”。

6. 离开实习操作台时，确保切断设备使用的电源。

4.3.3 实习要求

1. 以学生自主操作为主，强调“做中学”，学生一人一工位。

2. 实习前要求学生预习实习指导书；教师准备好实习材料和设备(如单片机系统、超声波传感器、软件安装包等)。

3. 整个实习过程必须按照实习操作规程进行，未经教师许可，不得擅自合闸送电或触碰带电设备。

4.3.4 实习内容

实习内容包括智能分类垃圾桶的整体设计、机械结构设计、程序设计、实验设计及结果分析等。

1. 整体设计

根据湖南省第六届工程训练综合能力竞赛中智能垃圾分类装置的要求，所设计的智能分类垃圾桶要完成以下功能：

1) 能正确识别所投放的垃圾属于可回收垃圾、厨余垃圾、有害垃圾和其他垃圾四类中的哪一类，并自动投入对应的垃圾桶。

2) 投放垃圾时自主跳转为垃圾分类主页面，实时显示垃圾桶剩余容量，并显示所有垃圾种类名称、投放数量、任务完成提示等。

3) 当垃圾桶里存放的实际垃圾数量超过垃圾桶容量的80%时进行满载提示。

因此，所设计的智能分类垃圾桶的主要工作流程如图4-9所示。

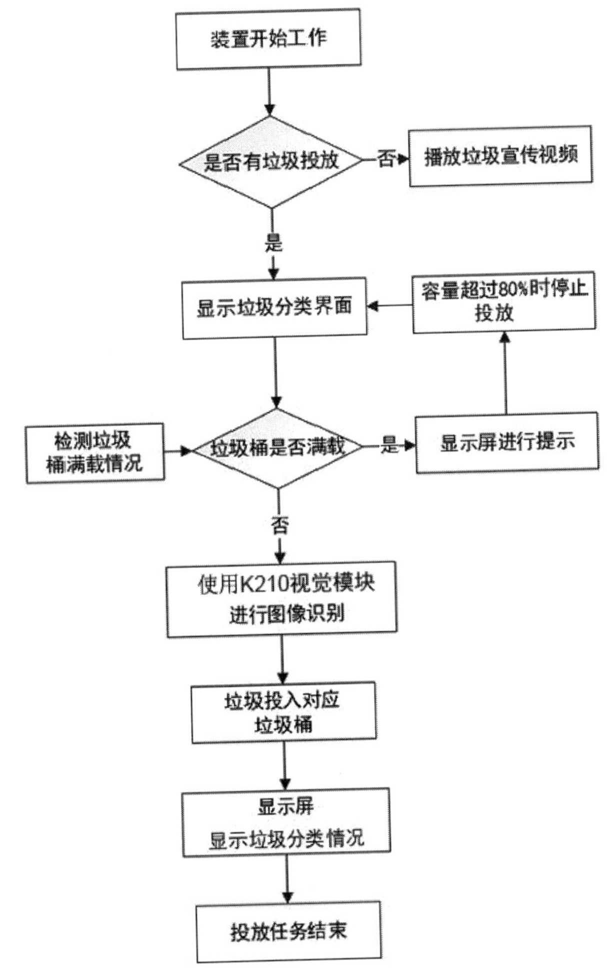

图4-9 智能分类垃圾桶的工作流程

2. 机械结构设计

智能分类垃圾桶由四部分组成：整体框架、垃圾桶、识别机构、投放装置等，其机械结构模型图如图4-10所示。整体框架由铝材方管、角件、螺钉、螺母搭建完成，分上下两层。下层的主要功能是固定垃圾桶和投放装置，上层主要用于固定识别装置、显示屏、电池等设备。同时，为了提高图像识别的准确率，降低环境光线影响，箱体上层四周用亚克力材质的板子进行遮光处理，并在内部安装环绕四周的LED灯条。顶盖用合页固定，双向打开，一侧用于检查和维修电路，另一侧用来观察和调整垃圾桶放过程中投放装置的运行状态。

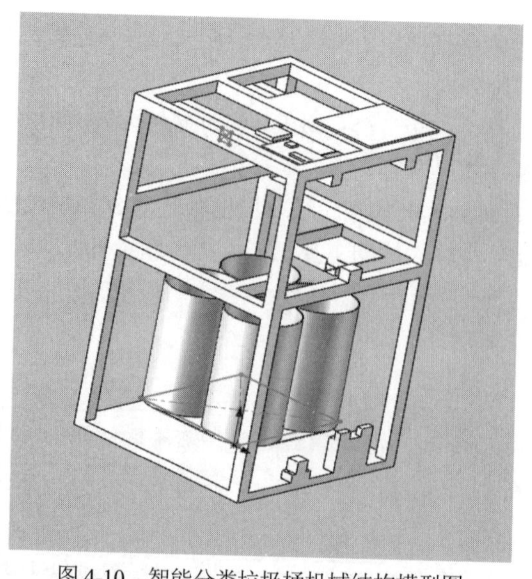

图 4-10　智能分类垃圾桶机械结构模型图

垃圾桶的底部装在一台步进电机上，步进电机旋转将带动 4 个垃圾桶进行旋转，当视觉识别装置识别出相应的垃圾后，垃圾桶则旋转到相应的位置。

投放装置为托盘结构，下端连有二自由度舵机，驱动投放装置做俯仰运动，完成垃圾投放动作。

3. 智能分类垃圾桶软硬件系统

1) 视觉系统 K210

K210 是垃圾分类的第一步。不同类型的垃圾具有不同类型的特征，K210 首先根据垃圾的形状、颜色、大小等特点，对大量图片进行学习，获取其特征，自动将学习过的图片进行存档并建立数据库。当使用时，对投入的垃圾与数据库中学习过的垃圾一一进行对比，将相似系数最高的那一类输出至单片机系统。

2) 单片机控制系统

系统采用的单片机型号为 STC89C52RC。STC89C52RC 是 STC 公司生产的一种低功耗、高性能 CMOS8 位微控制器，具有 8KB 系统可编程 Flash 存储器。单片机作为整个系统的控制大脑，控制步进电机旋转，带动垃圾桶旋转到相应的投放口，并读取超声波传感器检测的距离，进行满载提示。

3) 智能分类垃圾桶元器件清单表(表 4-1)

表 4-1 智能分类垃圾桶元器件清单

元件名称	型号	作用	数量
视觉	K210	识别分类垃圾	1
单片机	STC89C52RC	读取识别信号，控制步进电机、舵机	1
步进电机	雷赛科技 57	将垃圾桶带动到对应位置	1
步进驱动器	雷赛科技 57	接收高频信号，控制步进电机角度	1
超声波传感器	HC-SR04	对垃圾桶进行满载检测	4

4) 智能分类垃圾桶电气原理图(图 4-1)

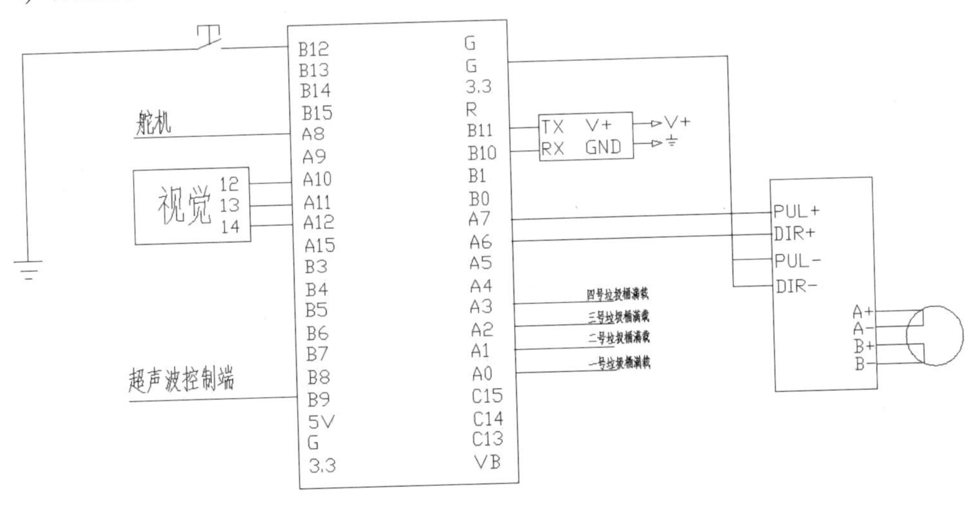

图 4-11 电气原理图

4. 编写智能分类垃圾桶视觉程序

1) 图片学习方法

(1) 采集和转换数据。首先需要为识别的垃圾拍摄大量图片，然后存储于 example 文件夹中，文件名称只能为英文。然后将图片分辨率调整为 224×224。由于 MaixHub 要求图片的分辨率为 224×224，因此使用 image_tool 进行图片转换，如图 4-12 所示。最后将图片文件压缩成 example .zip。

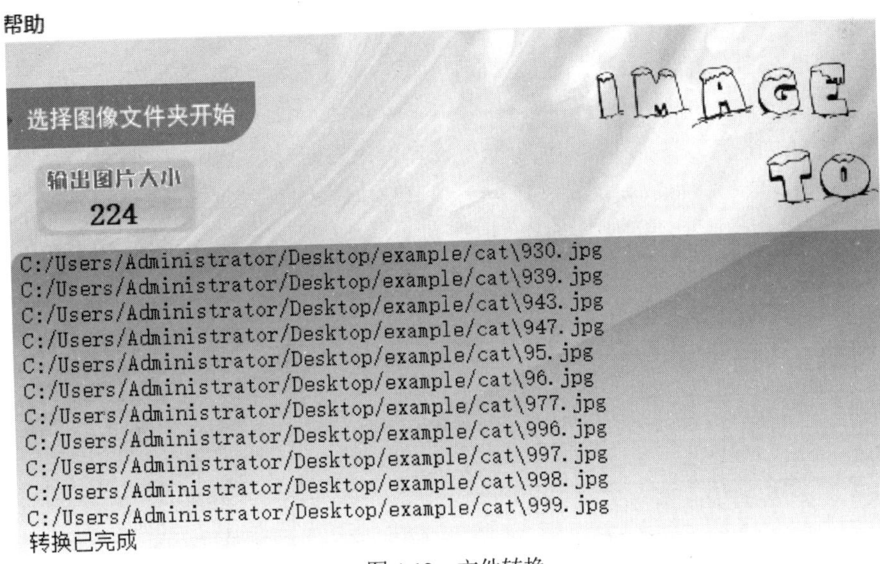

图 4-12 文件转换

(2) 上传数据集进行训练。首先获取机器码。机器码通过将固件传入 MaixBit K210 获得。

然后查看获取的机器码。打开串口调试器，输入连接参数，查看机器码。最后打开 MaixHub 训练平台，填入自己的邮箱和刚获得的机器码，选择分类目标，上传数据集，也就是刚才的*.ZIP 格式文件，单击“开始训练”，如图 4-13 所示。

图 4-13　上传文件进行训练

(3) 下载并运行训练结果。训练完成，训练结果会发送到填写的邮箱中，下载压缩包，解压后比较重要的有三个文件。第一个文件 boot.py 是测试代码，第二个文件 labels.txt 是种类，第三个文件 m.kmodel 是模型文件，如图 4-14 所示。接下来将上面所有文件下载入 U 盘中，用 MaixPy IDE 打开 boot.py，用数据线连接开发板，运行脚本，即可看到分类效果。

名称	修改日期	类型	大小
boot.py	2021/3/5 18:17	Python File	3 KB
labels.txt	2021/3/5 18:17	文本文档	1 KB
m.kmodel	2021/3/5 18:17	KMODEL 文件	1,859 KB
README.txt	2021/3/5 18:17	文本文档	5 KB
report.jpg	2021/3/5 18:16	JPG 文件	76 KB
startup.jpg	2021/3/5 18:17	JPG 文件	22 KB

图 4-14　训练结果文件

2) 编写程序

视觉程序编写依照不同的分类识别编写程序，如果为四种垃圾的话，将对三个输出口进行输出，输出的信号由单片机进行识别。例如，视觉模块上硬件接线的三个端口分别是 12、13、14。则可设定为：1 为输出，0 为不输出，规则表见表 4-2 所示。最后，在程序中将检测的结果通过表格的数据排列输出，视觉程序主片段如图 4-15 所示。

表 4-2　程序编程规则表

垃圾类别	视觉端口 12	视觉端口 13	视觉端口 14
有害垃圾	1	1	0
其他垃圾	0	1	1
可回收垃圾	0	1	0
厨余垃圾	1	0	1
无垃圾	0	0	0

```
# 索引标签结果
pmax=max(plist)
max_index=plist.index(pmax)
# 将四种类别分别输出到对应引脚，
if max_index==0:
    LED_R.value(0)
    LED_G.value(1)
    LED_B.value(1)
elif max_index==1:
    LED_R.value(1)
    LED_G.value(0)
    LED_B.value(1)
elif max_index==2:
    LED_R.value(1)
    LED_G.value(1)
    LED_B.value(0)
elif max_index==3:
    LED_R.value(0)
    LED_G.value(1)
    LED_B.value(0)
elif max_index==4:
    LED_R.value(0)
    LED_G.value(0)
    LED_B.value(0)
else:
    pass
```

图 4-15　视觉程序主片段

5. 单片机程序编写

单片机的工作内容分为以下几项。

1) 接收视觉传输过来的信号，并处理信号。为三个视觉端口传输过来的信号使用 if 函数，并定义通道。单片机控制视觉程序主片段如图 4-16 所示。

```
// 1: 有害
// 2: 其他
// 3: 可回收
// 4: 厨余
u8 Key_Scan()
{
        if(k0==1 && k1==1 && k2==0)
        {
                return 1;
                //printf("有害\r\n");
        }
        if(k0==0 && k1==1 && k2==1)
        {
                return 2;
                //printf("其他\r\n");
        }
        if(k0==0 && k1==1 && k2==0)
        {
                return 3;
                //printf("可回收\r\n");
        }
        if(k0==1 && k1==0 && k2==1)
        {
                return 4;
                //printf("厨余\r\n");
        }
        if(k0==0 && k1==0 && k2==0)
        {
                return 5; //没有垃圾
        }
        return 0;
}
```

图 4-16　单片机控制视觉程序主片段

2) 旋转步进电机与舵机

根据定义的视觉信号通道，为识别出的垃圾分类发出对应的信号，信号将原先设置的PWM脉冲波形长度传输到步进驱动器，步进驱动器再通过细分调节输送到步进电机，并且旋转角度正确。如果步进电机旋转的角度正确，说明垃圾桶已经到达对应的位置，然后将托盘下的舵机向右旋转90°，带动托盘上面的垃圾倒至对应的垃圾桶中。具体程序略。

3) 满载检测

利用超声波模块来检测垃圾满载。超声波传感器利用波形扫描测试距离，根据发出信号和接收回信号的时间的差异，进行测试距离。将超声波模块放在箱体顶盖中，将箱内垃圾最高面到顶部的距离作为检测标准，当垃圾桶中的垃圾达到80%位置时，系统将认为此垃圾桶已经满载，并发出信号。具体程序略。

4.3.5 实习步骤

1. 为以下几种常见的生活垃圾采集数据集并进行训练。

1) 可回收垃圾：易拉罐、小号矿泉水瓶、牛奶盒。

2) 厨余垃圾：香蕉皮、苹果块、菜叶、橘子、橘子皮、辣椒、青菜叶。

3) 有害垃圾：电池(1、2、5号)、医用棉签、樟脑丸。

4) 其他垃圾：陶瓷片、烟头、一次性塑料杯。

2. 根据垃圾种类，随机抽选以上四类垃圾中的10件，依次放入垃圾桶中，记录分类识别的准确率和识别时间。

3. 分析测试结果并写出分析报告。

4.3.6　实习报告

1. 实验中发现智能分类垃圾桶不能进行满载检测，你觉得问题出在哪里？应该如何检测调试？(40 分)

2. 本实验项目中的智能分类垃圾桶基于图像识别来分类垃圾，你认为优势和局限性在哪里？是否有其他更好的识别方式？如果有，请谈谈设计思路。(60 分)

评分：__________　指导老师：__________　时间：__________

参考文献

[1] 刘美华. 电工电子实训[M]. 北京：高等教育出版社，2014.

[2] 邱勇进. 维修电工[M]. 北京：化学工业出版社，2016.

[3] 于晓春，公茂法. 电工电子实习指导书[M]. 江苏：中国矿业大学出版社出版，2011.

[4] 徐少华，袁战文，明宏，等. 电工电子实习指导书[M]. 武汉：武汉理工大学出版社，2015.

[5] 高鹏毅，陈坚. 电工电子实习指导书[M]. 上海：上海交通大学出版社，2016.

[6] 沈振乾，史风栋，杜启飞. 电工电子实训教程[M]. 北京：清华大学出版社，2011.

[7] 陈世和. 电工电子实训教程[M]. 北京：北京航空航天大学出版社，2011.

[8] 宋铁. 基于机器视觉的家庭智能分类垃圾桶设计研究[D]. 上海：东华大学，2019.

[9] 樊肖艳，司阔，冯国庆，等. 一种基于“图像+”识别方式的智能垃圾分类装置[J]. 电子世界，2021，(20)：129-131.